一人份料理

［日］福田淳子 著

曹逸冰 译

江西人民出版社

一人份料理

福田淳子

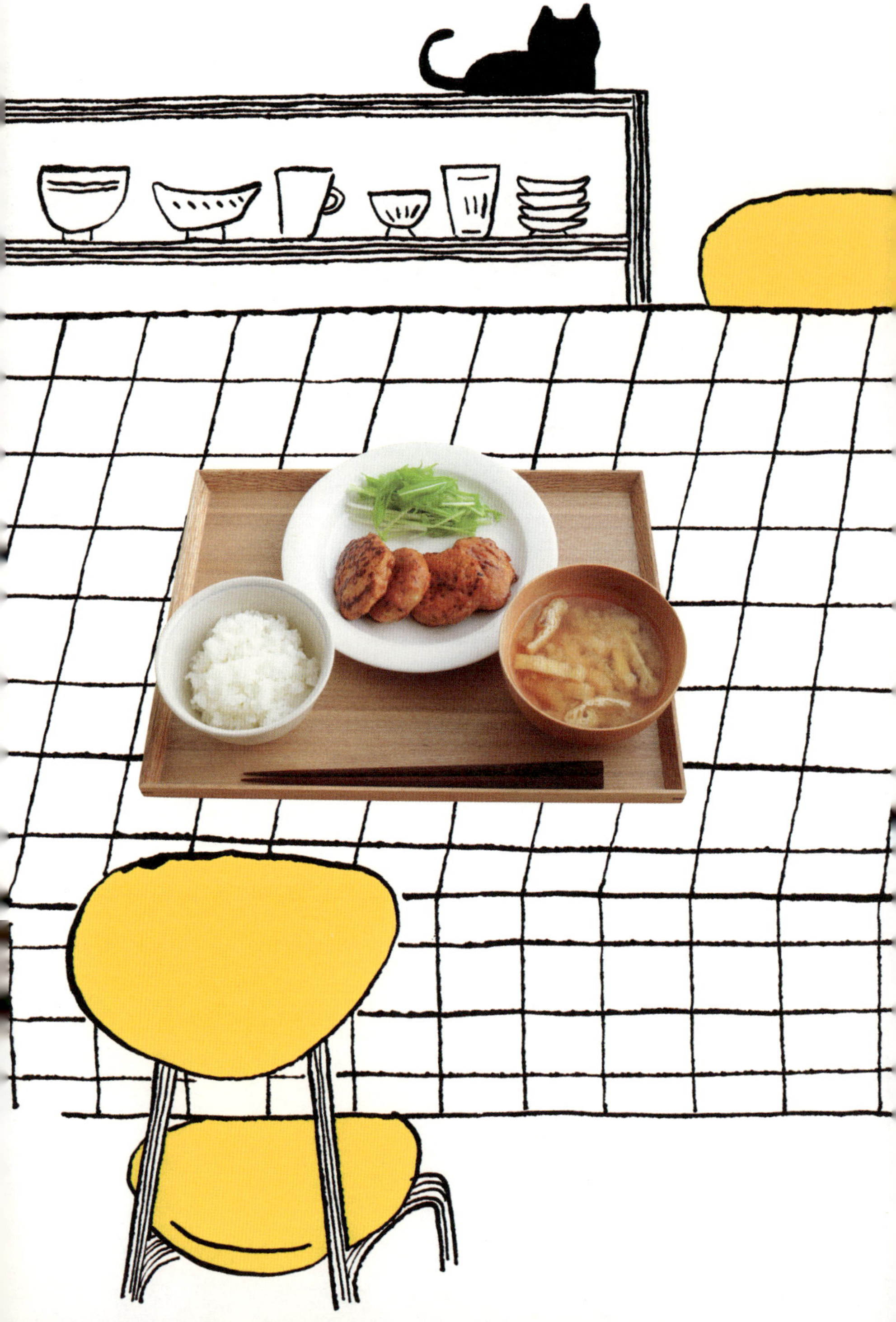

要是能自己
做出一桌好菜……
每天都会充满乐趣！

"做菜好像很难啊""我特别不擅长做菜！""我从没下过厨！"这本菜谱专为这样的烹饪初学者设计。每一道菜的做法都简洁明了，谁来做都不会出问题，配图也是一目了然，有助于大家抓住诀窍。因为"一人份"是本书的关键词，所以书中介绍的菜谱会使用尽可能少的食材，杜绝浪费。

享用自己制作的可口菜肴，是一种无比美妙的体验，更是组成幸福生活的点滴。细细品味这一点一滴的幸福，你的厨艺就一定能够天天向上。从"为自己做菜"开始，打好了基础，就可以"为亲友下厨"了。享受下厨的过程，才是成功的秘诀！

CONTENTS
目录

开始动手前
下厨前的基础知识讲座 ——— 7
A 3大黄金守则 ——— 8
B 基本工具 ——— 9
C 基本调味料 ——— 12
D 打造"好吃！"的
　5大要素 ——— 14
E 餐具 ——— 17
F 本书的使用方法 ——— 18

LESSON 1
**试试看！
第一次下厨做"一人份料理"**
——— 19

怎么煮米饭 ——— 20
怎么熬出汁 ——— 22
怎么做味噌汤 ——— 24

初学者的"一盘餐"1人份
● 鸡肉咖喱饭 ——— 26

初学者的日式套餐 1人份
● 烤鱼套餐 ——— 30

初学者的西式套餐 1人份
● 肉扒套餐 ——— 34

摄影　原田真理
插画　山口加代
编辑·取材　游马里江

特别感谢／烹饪助理
梶山叶月、西泽淳子、藤田芽衣、茂木惠实子

LESSON 2

回家后 20 分钟就能搞定的"一盘餐" —— 39

- 蛋炒饭 —— 40
- 蜜汁豆芽盖饭 —— 42
- 黏黏盖饭 —— 44
- 金枪鱼牛油果盖饭 —— 45
- 五花肉千层锅 —— 46
- 猪肉泡菜拌饭 —— 47
- 金枪鱼奶酪蛋卷 —— 48
- 味噌肉末炒茄子 —— 49
- 纳豆炒饭 —— 50
- 亲子饭 —— 51
- 不用炖的咖喱饭 —— 52

LESSON 3

初学者也能信手拈来的经典主菜 —— 53

- 肉片炒蔬菜 —— 54
- 生姜猪肉烧 —— 56
- 照烧鸡肉 —— 58
- 土豆炖肉 —— 60
- 麻婆豆腐 —— 62
- 糖醋翅根和鸡蛋 —— 64
- 蛋包饭 —— 66
  羽衣蛋皮 / 蓬松蛋皮
- 番茄炖鸡肉 —— 70
- 香煎鸡胸肉 —— 72
- 鸡肉饼 —— 74
- 烤鲑鱼 —— 76
- 照烧鰤鱼 —— 78
- 生姜旗鱼烧 —— 79
- 松软豆腐扒 —— 80
- 熟菜沙拉 —— 82
- 什锦汤 —— 84

独居必学炸物
- 炸蔬菜与炸鸡块 —— 88

CONTENTS
目录

LESSON 4
配角也精彩
美味配菜 —— 91

【鸡蛋】● 美味鸡蛋烧 —— 92
【豆腐】● 凉拌豆腐大比拼 —— 94
【蔬菜/沙拉】
● 菜丝沙拉 —— 96
● 萝卜干黄瓜沙拉 —— 96
● 土豆沙拉 —— 97
● 胡萝卜丝沙拉 —— 97
【蔬菜/经典常备菜】
● 煮羊栖菜 —— 98
● 煮萝卜干 —— 99
● 5 种常备小菜 —— 100
● 煮菠菜 —— 102
● 醋拌黄瓜裙带菜 —— 102
● 煮南瓜 —— 103
● 油豆腐皮煮芜菁 —— 103
【蔬菜/用剩菜做配菜】
● 蒜香时蔬 —— 104
● 韩式凉拌蔬菜 —— 105
【蔬菜/用剩菜做酱菜】
● 浅渍时蔬 —— 106
● 什锦酱菜 —— 106

LESSON 5
最爱面条 —— 107

● 意面的基本煮法 —— 108
● 辣味意面 —— 108
● 奶油意面 —— 110
● 拿波里意面 —— 112
● 沙拉乌冬 —— 114
● 炒乌冬 —— 116
● 盐味炒面 —— 118

烹饪辞典 —— 119

切法大全 —— 120
食材处理方法 —— 127
保存方法 —— 133
分量一览表 —— 136
烹饪术语集 —— 137

开始动手前

下厨前的
基础知识讲座

动手做菜之前,
要充分了解做菜时会用到的基本工具和调味料,
还有一些必须遵守的基本原则。
从这一章开始,
就当是做热身运动啦!

A
3大黄金守则

下面介绍的3条"黄金守则"适用于各类菜谱，是帮助我们顺利做出美味饭菜的基石。

1

提前通读菜谱

动手前先通读菜谱，对菜肴的制作步骤有一个大致的了解，做到心中有数。要是边看边做，难免会遇到意料之外的情况（比如，你原以为食材能很快处理好，做到一半却发现需要静置30分钟！），乱了阵脚。一边阅读，一边在脑子里排练一遍，能有效降低失败率。

2

严格遵照菜谱操作

"做出来的菜不好吃！"——这十有八九是因为你"没有按菜谱操作"。你的切法用对了吗？火力用对了吗？正因为是初学者，才更应该仔细研究菜谱。首次尝试，必须严格遵照菜谱操作。

3

备齐食材和工具之后再动手

还没习惯下厨的时候，可以提前把食材准备好，调味料也按量分配好，倒在相应的容器里备用，这样就能防止实际动手时手忙脚乱了。有些菜一旦开始做，就没法停下，如果准备工作不充分，成品就一定会出问题。同理，做菜时会用到的工具也都提前拿出来吧。

B
基本工具

工具虽多,但不必一次性买齐,
请大家对照家里已经有的工具,按需购买。

【菜刀(小刀)】

菜刀的种类何其多,但是最适合初学者的,莫过于刀刃为 13～15cm 的小号菜刀(水果刀),建议大家从这种菜刀买起。因为它够小,所以手小的女士们也能牢牢握住,削皮切菜两相宜。人们口中的"万能菜刀(三德刀)",一般指的是刀刃长为 20cm 的中号菜刀,但是如图所示的小号菜刀,更容易让初学者找到感觉。

刀背　刀柄　刀身　刀刃(13~15cm)　刀尖　刀尾

【砧板】

初学者最好使用比 A4 纸大一圈,又有一定重量的砧板。这样的砧板比较稳定,方便易用。还可以再去平价商店买一块跟垫板一样轻薄的软砧板,需要切鱼和肉的时候,把它放在普通砧板上使用。为了防止细菌繁殖,请大家尽量准备两块砧板,一块专门切蔬菜,另一块用来切肉类。

菜刀的使用方法

【切菜时】

按住食材的手
→ 轻轻握住,
　手背蜷起。
　肩膀放松。

拿菜刀的手
→ 握紧刀柄,
　小心谨慎。

【去皮时】

按住食材的手
→ 用手掌裹住食材,
　使食材稳定。

拿菜刀的手
→ 大拇指隔着食材
　的外皮稳住刀刃,
　缓缓推动菜刀。

B 基本工具

【计量工具】

准确测量食材与调味料的分量,也是初学者避免失败的诀窍。最好备齐电子秤、量杯和大小不同的量勺(如果一套量勺中有 1/2 小勺、1/3 小勺这样的规格就更方便了)。

1 电子秤
2 量杯　3 量勺

【雪平锅 大·小】

锅至少要备两口,一大一小。直径 20cm 左右的大锅用来煮绿叶菜、意面之类的食材。直径 15cm 左右的小锅在"一人份料理"中的作用就更加重要了,煮味噌汤、焯蔬菜自不用说,还有其他作用等候大家摸索。本书将使用两种大小不同的锅。推荐大家购买铝制的"雪平锅",锅底厚度适中的款式绝对是价廉物美的选择。

【平底锅 大·小】

直径 26cm 的平底锅是厨房的必备厨具。如果预算充足,那就再买一个直径 20cm 左右的小号平底锅吧。推荐大家购买有氟树脂涂层的不粘锅。本书使用如图所示的两种平底锅。

【锅盖】

至少准备 1 个,材质可自由选择。如果锅带有配套的锅盖,就不用另外购买了。只要大小合适,几口锅共用一个锅盖也没问题。

【不锈钢盆与沥水篮】

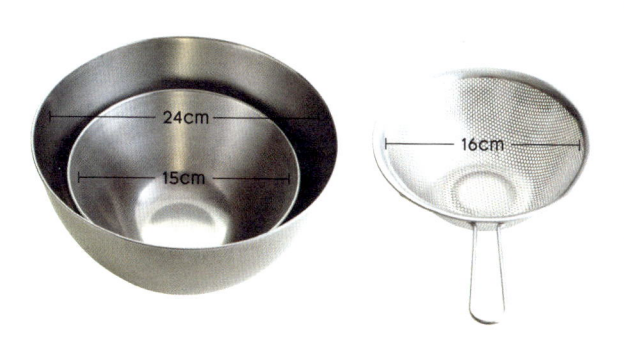

清洗、浸泡蔬菜，或沥水时，都会用到不锈钢盆和沥水篮，所以这两样是必需品。如果家里能备一大一小两个不锈钢盆（大的直径24cm左右，小的直径15cm左右），用起来就比较方便了。沥水篮只要有一个直径16cm左右的就基本够用了。

【其他】

除了上面介绍的几种厨具，还可以选购几种小工具备用。小巧的打蛋器，在制作酱汁时非常有用。再备上一根竹签，就能确认食材有没有熟透了。

1 煎铲　　5 木铲
2 汤勺　　6 磨泥器
3 打蛋器　7 削皮器
4 长筷子

【耗材】

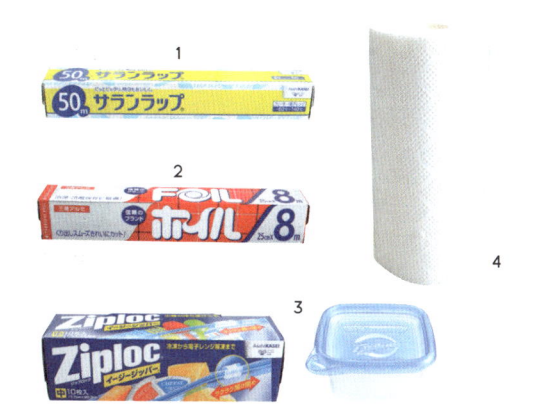

除了保鲜膜和锡箔纸，最好再备一些封口袋，用于储存食材，以及可以冷冻或用微波炉加热的保鲜盒。厨房纸不仅可以用来擦拭平底锅里的油和蔬菜表面的水珠，还能直接盖在食材上当作小锅盖。

1 保鲜膜　　3 封口袋、保鲜盒
2 锡箔纸　　4 厨房纸

基本调味料

下面是本书中会用到的几种调味料。
只要备齐这些调味料,就能满足基本日常需求了。

【盐】

盐是最基本的调味料,可分为由氯化钠精制而成的"精制盐"和由海盐制成的"自然盐"。推荐大家购买矿物质含量高、味道也更鲜美的自然盐。

【胡椒】

胡椒的用处很多,可以给食材增添基础风味,也能去除荤菜的腥味。胡椒有黑、白两种,本书使用的是口味比较温和的白胡椒。家里有哪种就用哪种,无需重新采购。

【糖】

糖不仅能增加菜肴的甜味与鲜味,还能衬托出咸味,让菜肴的味道变得更均衡。此外,糖还能让食材变得更柔软,或更具光泽。本书使用的是绵白糖,但大家无需特意购买,直接使用家里有的糖就可以了(黑糖的口味太有特色,使用时需要多加注意)。

【酱油】

酱油也分很多种类,本书使用的是最常见的日式浓口酱油。薄口酱油的颜色比较淡,适合色泽淡雅的菜肴,但它所含的盐分其实比浓口酱油更多。开封后的酱油最好放进冰箱冷藏。

※ 购买时请选择容量最小的规格,开封后尽快用完。

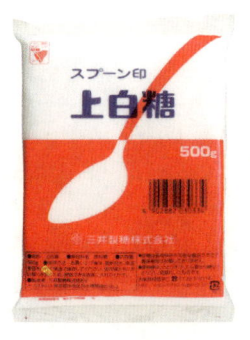

盐　　胡椒

糖 　　酱油

味淋·酒 　　　　　　　　　　味噌

油

其他

【味淋·酒】

味淋（日式甜料酒）和酒能让菜肴的味道变得更有深度、更加香醇。煮菜时，味淋还能让食材的表面变得更有光泽。酒可以去除腥气。请大家不要使用加过盐和其他添加剂的料酒，买一些纯粹的酒（日本酒）即可。

【味噌】

味噌不光能用来做味噌汤。它是一种"发酵调味料"，能让许多菜肴的味道变得更醇厚。味噌有用大豆做的，也有用大麦或大米做的。味噌的品种也有不少，有白味噌、红味噌等，不同的味噌有不同的风味，大家可以一边尝试，一边选出自己喜欢的品种。

【油】

拌、煎、炒、炸……这些烹饪方法都会用到油。本书中使用"色拉油"的地方，都可以替换成市面上销售的菜油、芥花油、玉米油、红花籽油等食用油。除此之外，最好再备一些芝麻油和橄榄油。香味浓郁的芝麻油在中式菜肴中十分常用，橄榄油可以帮我们打造出口味清爽的沙拉和意面。黄油能让菜肴变得醇香可口，请大家尽量购买以10g为单位，有独立小包装的黄油品种。

【其他】

备好蛋黄酱、番茄酱、中浓酱（浓度介于伍斯特沙司和猪排蘸酱之间的酱汁。——译者注）和醋（插图展示的是谷物醋，口味清爽，没有涩味。——译者注）就万无一失了。

※ 麻婆豆腐（P62）和韩式凉拌蔬菜（P105）还会用到豆瓣酱。

— 13 —

D
打造"好吃！"的5大要素

"还凑合"和"好吃！"的区别
往往在于细节。

1 称量

用量很少的调味料，更需要准确称量，否则就会失之毫厘，谬以千里。习惯下厨之前，请务必使用正确的称量方法，严格遵守菜谱规定的用量。

液体

1
因为液体有表面张力，看上去稍有些隆起。这么多就是"1勺"。

1/2
因为量勺是下面窄，上面宽，所以8分满左右就是"1/2勺"。

1/3
5分满就是"1/3勺"。

粉类

1
将量勺表面刮平，即为"1勺"。

1/2
将"1勺"一分为二，去掉一半即可。如果需要取用"1/3勺"，那就先3等分，然后去掉2/3。

粉类一定要刮平！
先用量勺舀满满一勺，然后再用勺柄之类的工具将表面刮平。

1撮
用大拇指、食指和中指抓取的量，相当于1/4小勺。

少许
用大拇指和食指抓取的量，相当于"1撮"的一半。

"适量"与"随意"
"适量"，就是"恰到好处的量"。一边品尝，一边加调味料，直到自己觉得"这个味道刚刚好"为止。而"随意"的意思是，"如果有，可以稍微加一点，味道也不错"。"适量"是"一定要加"，"随意"则是"可加可不加"。

(单位：cm)

方便尺
＊切菜时可用作参考。

2 食材的切法

编写菜谱时，我们会充分考虑食材的口感、成熟速度等因素，选择最适合这道菜的"切法"。

形状

食材的切法多种多样，菜谱中选择的切法，一定是最适合这道菜的，所以请大家严格按照菜谱的指示操作。

大小、厚度要尽可能一致

食材的大小与厚度，会对加热时间产生影响。切好的食材如果能够保持大小、厚度一致，菜肴就能受热均匀，美味可口。

改变食材的大小或厚度

有些菜肴反而需要我们使用不同大小或厚度的食材，这样能让口感变得更加丰富。

3 准备工作很重要

看似麻烦的"准备工作"，其实是成品美味与否的关键所在。

很多人都觉得做菜前的准备工作很麻烦，事实上准备工作是否充分，对成品的成功与否起到了至关重要的作用。比如，"去除豆腐中的多余水分"就是一道非常重要的工序，要是跳过了这个步骤，成品就会很稀、很黏，味道自然也会大打折扣。请大家牢记，菜谱里的准备工作都是有意义的，一步都不能省。

D 打造"超好吃!"的5大要素

4 火力

一样是"煮",用"小火"煮出来的东西,肯定和用"大火"煮出来的不一样。

小火 — 火势很小,火焰碰不到锅底。

中火 — 介于"小火"与"大火"之间,是最常用的火力。

大火 — 火势很猛,火焰能从锅底溢出来。

基本火力

- 想让汤汁沸腾时 → 中火~大火
- 沸腾过一次之后 → 把火调小,保持小火~中火

* 也有例外,实际操作时请遵照菜谱的指示。

判断火力

即将沸腾 — 锅的边缘开始冒泡。

沸腾 — 整个表面都在冒泡。

平底锅要预热!

使用平底锅时,要先加热空锅,然后再把油倒进去(如果这道菜需要用油),将锅倾斜一下,确保锅底都能沾到油,之后再加热一段时间,提升油的温度。把食材放进去之前,平底锅和油要达到一定的温度才行。大家可以把手停在平底锅的正上方,能感觉到热度,就说明温度合适了。

5 水量

下面是3种经常在菜谱中出现的水量。水量也与成品的味道息息相关,请大家务必牢记。

不没过食材 — 食材稍稍超出水面。

没过食材 — 水面刚好超过食材。

放满 — 食材完全浸在水里,水量充足。

E
餐具

备一套心仪的餐具,能让"做菜"这件事变得更加开心。
从"一物多用"的餐具买起,
再逐渐加入自己喜爱的小物件。

饭碗　　　　汤碗

【饭碗·汤碗】

碗的尺寸千差万别,大家可以根据自己的食量,选择喜欢的款式。

【盘子·碟子】

家中最好备一个直径 18～22cm 的盘子,用来盛主菜。也可以把主菜、配菜和主食放在同一个盘子里,做成"一盘餐"。椭圆形的盘子也没问题。小碟子可以选购直径在 10cm 左右的,用来盛放配菜正合适。建议大家购买白色或象牙色的纯色盘子,搭配日本菜、西餐和中国菜都很协调。

碟子

盘子

【早餐碗】

早餐碗不仅能用来吃早饭,什锦汤、盖饭、拉面、乌冬面等小汤碗放不下的东西,都可以用它来装。

早餐碗

【其他餐具】

筷子、筷托、刀叉和勺子也要备齐。吃比较烫的东西时,有一把木勺会方便很多。

其他餐具

- 17 -

F
本书的使用方法

● 初次尝试时，请严格按照菜谱操作

如前所述，初次尝试时，请大家严格按照菜谱操作。记住"这道菜的正确味道"之后，再根据自己的口味增减调味料即可。要是一开始就随意发挥，你就不知道这道菜应该是什么味道的了。

● 通过★的数量判断难度

虽然本书选择的都是初学者也能轻松完成的菜肴，但每一道菜的难易程度还是有所不同。五角星的数量表示难度的高低，大家在挑选菜肴的时候可以稍作参考。

● 确认烹饪时间

菜谱中的"烹饪时间"，指的是"从开始准备到装盘"的所有时间，包括处理、静置、加热等环节。

● 确认需要使用的雪平锅与平底锅

锅子的尺寸，也和成品的味道有着千丝万缕的联系。本书使用的是在 P10 介绍的锅，无论是雪平锅还是平底锅，都是一大一小两种。在本书的菜谱中，"雪平锅（大）"即为"直径 20cm 的大雪平锅"，"雪平锅（小）"即为"直径 15cm 的小雪平锅"，"平底锅（大）"即为"直径 26cm 的大平底锅"，"平底锅（小）"即为"直径 20cm 的小平底锅"。动手前，请大家务必确认正确的种类与尺寸。

● 遇到不明白的切法与术语，请查阅 P120 ~ 的辞典！

P120 ~ 详细介绍了各种切法，P137 ~ 则是各种烹饪术语。阅读菜谱时遇到了不明白的地方，就去书后查看看吧！那里还介绍了很多食材的储藏方法和处理方法。

使用指南

- 1 大勺 =15ml，1 小勺 =5ml，1 杯 =200ml。
- 鸡蛋均为中等大小。
- 蔬菜使用前必须洗干净，菌菇类用厨房纸轻轻擦拭即可。
- 材料里如有"泥""碎末"这样的标记，就要将食材处理成相应的状态。请在开始做菜前完成准备工作。
- 做法中会出现"另行准备"这样的描述。比如，在处理肉类时，菜谱会要求"撒少许盐和胡椒（另行准备）"。完成这个步骤时使用的盐与胡椒需要另外准备，不能动用材料里列出的分量。

LESSON 1

试试看！
第一次下厨做"一人份料理"

工具备齐了，心理准备做好了，
就可以正式开工啦！
先煮一锅香喷喷的米饭，
熬一碗浓浓的出汁（日式高汤）吧。
掌握了米饭和味噌汤的做法，
再慢慢学习"一盘餐"
"日式套餐"和"西式套餐"。

怎么煮米饭

米饭要软糯蓬松，
关键在于让米粒吸饱水分。

材料（4 碗）

米 … 2 合（2 杯）

水 … 适量

煮饭前…

● 请大家注意，电饭煲附赠的量杯 1 杯为 1 合（"合"是容积单位，1 合 =180.39 立方厘米。——译者注），约等于 180ml，和普通的量杯 1 杯 200ml 不一样。1 杯米的重量大约是 150g，煮好之后可以放满两个饭碗（约 330g）。

● 从淘米到热腾腾的米饭出锅，大约需要 1～2 个小时，花的时间不算短。一个人生活顿顿开锅重新煮实在麻烦，可以一次煮 2 合，分成 4 份，吃不完的放进冰箱冷冻室保存即可。积累了一定的经验之后，还能根据自己煮饭的频率与食量加以调整。不过大家最好不要一次性煮满满一锅，少放些米，煮出来的饭会更美味。

● "免淘米"，顾名思义就是"不用淘洗的米"。按刻度加水后，请务必等待 30 分钟～1 小时，让米粒吸收一定的水分，然后再按电饭煲的开关。

1

将装有米粒的沥水篮浸入倒满冷水的不锈钢盆,稍稍淘洗,迅速捞起沥水篮。

Point 第一盆淘米水有很重的米糠味,干燥的米粒吸水很快,所以要快速捞起沥水篮。

2

> 力道不要太重,以免把米粒弄碎。

换一盆水,用同样的方法淘洗,不时用手掌轻轻按压几下。同样的步骤需重复3~4次。

3

当原本浑浊的淘米水(如上图)变得几乎透明了(如下图),就把沥水篮捞起来,静置30分钟以上。

Point 米粒会在静置期间吸收表面的水分,如此一来,煮好的米饭会更软糯。

4

> 一定要从正面看刻度。

将淘好的米倒进电饭煲,按刻度加水,照电饭煲的说明书操作。

5

煮好后,用饭勺从底部舀起米饭,翻搅几下,就可以盛入饭碗了。

Point 如果电饭煲的说明书上说,米饭需要"焖"一会儿,那就照说明书的要求做。

冷冻米饭的诀窍

如果把米饭放在冷藏室,饭粒就会失去软糯的口感,变得干巴巴的。就算是1~2天之后就吃,最好也是放进冷冻室里。

按食量将米饭分成若干份,每一份都用保鲜膜包起来,装进保鲜袋,稍稍冷却后,再放进冷冻室。要吃的时候,就用微波炉热一热。请尽量在1个月内吃完。

每次少买点,吃新鲜的

白米的氧化速度特别快,放的时间越长,味道就越差。在常温环境下储藏,还可能长米虫。建议大家每次少买一点,尽量把米装在密闭容器或可以密封的袋子里(空饮料瓶也可以),放在冰箱冷藏室里。

怎么熬出汁

精心熬制的出汁，别有一番风味。
初学者更需要牢记上等出汁的味道。

第一道出汁　　第二道出汁　　小鱼干出汁

熬制出汁前…

● 出汁一般有上面这3种，再细分就有了下面这张表。应该使用哪种出汁，视菜肴的品种而定。当然，大家也可以根据自己的口味加以调整。

● 用不完的出汁可倒进保鲜袋冷冻。要用的时候可以自然解冻，也可以用自来水冲洗保鲜袋解冻。

● 没有时间，或是只需要用一点点出汁的时候，不妨使用能在超市买到的速溶出汁。

	种类	用法	保质期	特征
海带 +木鱼花	第一道出汁	清汤、凉拌蔬菜	冷藏 2~3天/ 冷冻1个月	香味优雅，味道鲜美
	第二道出汁	味噌汤、面汤、重口味的炖菜	冷藏 2~3天/ 冷冻1个月	风味强，但有一定的杂味，不适合以香味为主的菜肴
海带 +小鱼干	小鱼干出汁	味噌汤、面汤、重口味的炖菜	冷藏 1~2天/ 冷冻1个月	风味强，但小鱼干的腥味也很强，没有优雅的香味

第一道出汁 / 第二道出汁

材料（可熬制第一道出汁 600ml / 第二道出汁 300ml）

海带 ⋯10g（约10cm长）

木鱼花 ⋯10g（大约一把）

水 ⋯600ml+300ml

小鱼干出汁

材料（可熬制 600ml）

小鱼干 ⋯5g（15条）

海带 ⋯5g（约7cm长）

水 ⋯600ml

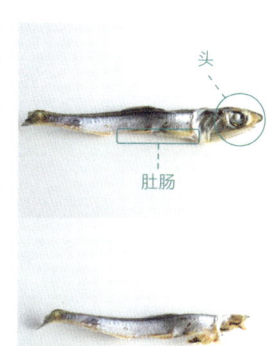

1

【第一道出汁】将海带与600ml水倒入不锈钢盆，静置1小时左右（也可以在前一天晚上把海带浸到水里，放进冷藏室静置一整晚）。

2

将1倒入雪平锅（小），用中火加热，在水即将沸腾（锅的边缘冒出小气泡）时捞出海带。

3

继续加热，煮开后一次性加入所有木鱼花，然后立刻关火。

4

木鱼花自然沉入锅底后，用沥水篮捞起来，用筷子轻轻按压。

Point 不要压得太用力，以免杂味流入出汁。第一道出汁到这一步就大功告成了。

5

【第二道出汁】将制作第一道出汁时用过的海带、木鱼花和300ml水倒入雪平锅（小），用中火加热，煮沸后用沥水篮过滤即可。

摘去小鱼干的头和肚肠，连同海带和水一并倒入雪平锅（小）（如有时间，最好静置30分钟）。开中火加热，煮沸后调为小火，继续煮2～3分钟，最后用沥水篮过滤即可。

Point 如果你不喜欢小鱼干的腥味，就把小鱼干和海带浸在水里泡一晚上，不用另外加热。如此一来，就能得到清淡的出汁了。

用出汁制作的美味清汤

材料（1人份）

A ┌ 第一道出汁 ⋯200ml
　└ 酱油、味淋 ⋯各1小勺

盐 ⋯少许

麸[①] ⋯适量

将 A 全部倒入雪平锅（小），用中火加热。等水够烫了，就倒进汤碗，撒一些麸即可。

①麸是用麸质制作而成的加工食品，口感比较像面筋。——译者注

怎么做味噌汤

只要桌上有一碗鲜美的味噌汤，
就算只配一盘小菜，也能吃得心满意足。

基础味噌汤
豆腐 + 裙带菜

材料（1人份）

出汁 … 200ml
豆腐 … 1/4 块（75g）
干裙带菜 … 1/2 大勺
味噌 … 2/3 大勺

味噌汤的做法视配方而定

根菜→和出汁一起加热，煮透后再加入味噌。
豆腐、绿叶菜、裙带菜等→在出汁煮沸后加入，稍稍加热一下后，迅速加入味噌。

1 将干裙带菜和水倒入小碗，泡发5分钟。如果裙带菜比较大，可以切成一口大小。豆腐切成1cm的方块。

2 将出汁倒入雪平锅（小），用中火加热。沸腾后调为小火，加入豆腐，加热1分钟左右。

3 将味噌装入汤勺，浸入锅中，用筷子缓缓搅开。

4 倒入裙带菜，搅拌均匀后倒入碗中即可。

> 油豆腐皮会释出鲜味，不用加出汁也很好喝

> 材料简单，最经典的味噌汤之一

> 卷心菜与洋葱制作的蔬菜出汁，入口温润甘甜

白萝卜 + 油豆腐皮

材料（1 人份）

水 … 200ml

白萝卜 … 1.5cm

油豆腐皮 … 1/8 张

味噌 … 2/3 大勺

1

白萝卜去皮，切成 0.5cm×0.5cm×5cm 的条。油豆腐皮切成粗丝。

2

将 1 与水倒入雪平锅（小），用中火加热，沸腾后调为小火，加入白萝卜煮透。

3

当白萝卜柔软到竹签能轻松插进去时，加入味噌，搅拌均匀后关火。

土豆 + 小葱

材料（1 人份）

出汁 … 200ml

土豆 … 1/2 个

味噌 … 2/3 大勺

小葱（切成小片）… 1 大勺

1

土豆去皮，切成一口大小。

2

将 1 与出汁倒入雪平锅（小），用中火加热，沸腾后调为小火，将土豆煮透。

3

当土豆柔软到竹签能轻松插进去时，加入味噌，搅拌均匀后关火。装入汤碗，撒入小葱即可。

卷心菜 + 洋葱

材料（1 人份）

水 … 200ml

卷心菜 … 1/2 片

洋葱 … 1/8 个

味噌 … 略少于 2/3 大勺

1

卷心菜切成一口大小，洋葱竖着切成 1mm 宽。

2

将洋葱与水倒入雪平锅（小），用中火加热，沸腾后调为小火，加入卷心菜煮透。

3

加入味噌，搅拌均匀后关火。
Point 为了突出蔬菜本身的甜味，味噌的用量要稍稍减少。

初学者的"一盘餐"
1人份
★★★☆
⏱30 分钟

鸡肉咖喱饭

从没做过菜的人，
或下厨次数屈指可数的人，
最好从"咖喱饭"练起。
简简单单一道咖喱饭，
涵盖了最基础的切法、炒法和煮法，
是学习烹饪基础的最佳实践工具。
刚开始练习的时候，请严格按照菜谱的要求操作。
不随意省略步骤，这是精进厨艺的不二法门。

材料（1人份）

鸡腿肉 … 1/2 块
洋葱 … 1 个
土豆 … 1/2 个
胡萝卜 … 5cm
咖喱块 … 1 块（20g）
黄油 … 10g
水 … 140ml
米饭 … 约 1 碗（150g）

开始前

- 提前煮好米饭（或使用冷冻米饭）。
- 这款咖喱饭可以冷冻，建议大家一次做好几顿的量（但是土豆冷冻后就不好吃了，所以制作时最好只加一顿能吃完的土豆。冷冻过的咖喱饭可自然解冻，解冻后加入 30～50ml 水，稍稍加热即可）。

准备工作

1 洋葱一切为二。其中一半竖着切成 4 等份，另一半竖着切成 1mm 宽。土豆去皮，切成一口大小。胡萝卜去皮切成滚刀块。咖喱块随意切成条。

Point 洋葱要切成两种形状，一种用于让汤汁味道更为浓厚，另一种用于享受口感。

2 去除鸡腿肉中的油脂，切成一口大小，撒少许胡椒（另行准备）。

Point 油脂有腥味，要在下锅前去掉（油脂和鸡皮是两回事，千万别搞错／P131）。切鸡肉时要把带皮的那一面朝下，这样更容易下刀。

炒

3 用小火加热平底锅（大），锅稍稍变热后，加入黄油。黄油融化后，加入 1 的蔬菜翻炒。

Point 黄油很容易焦，一焦就会变苦，所以加热时一定要用小火。用小火炒熟的蔬菜也会更甜。

4 等蔬菜变软，竖着切成 4 等份的洋葱变得有些透明后，将它们全部倒入雪平锅（小）。

左图是加热前，右图是加热后。洋葱变成右图里那么透明就行了！

鸡肉咖喱饭

5 用大火加热同一个平底锅。锅足够热时,将2放入锅中加热(带皮的那一面朝下)。

> 如此一来,鸡皮会变得松脆可口,还能释放出诱人的香味,鸡肉的精华也不容易流失。

6 鸡肉的两面都变色后,转移到4的锅里。

Point 接下来还有一个"炖"的步骤,所以不用煎得特别熟。煎一下表面,是为了增添鸡肉的风味。

炖

7 往6里加水,用中火加热。沸腾后调成小火,加盖炖15~20分钟,将蔬菜完全炖透。

8 往6里加水,用中火加热。沸腾后调成小火,加盖炖15~20分钟,将蔬菜完全炖透。

> 用了竹签还没把握,就试吃一下!

9 加入切碎的咖喱块,搅拌均匀,让调料完全融化。

Point 调料很容易焦,一定要关火之后再加。而且它的融化速度并不快,需要多搅拌几次。

10 用小火加热5分钟,同时搅拌。最后与米饭一起装盘即可。

完成!

~ 美味小贴士 ~

要 做出美味的咖喱,关键在于"先炒再炖"。肉类食材炒一下会变得更香,鲜美的肉汁也不容易流失。蔬菜也要加油炒一遍,这样能大大提升它们的风味哦。

初学者的
日式套餐
1 人份
★★★☆
🕒 30 分钟

烤鱼套餐

学会了咖喱饭，就可以挑战一下"套餐"了。
以烤鲑鱼为主菜，
搭配芝麻四季豆，
再加一碗味噌汤。
做好套餐的关键在于掌握每一道菜的制作时间，
制作步骤也要烂熟于心，
如此，才能安排好先后顺序，
做到有条不紊。

开始前

- 提前煮好米饭（或使用冷冻米饭）。

材料（1人份）

烤鲑鱼	
咸鲑鱼 … 1 块	
芝麻四季豆	
四季豆 … 100g	
白芝麻碎 … 2 大勺	
A	糖 … 2 小勺
	酱油 … 1 小勺
	盐 … 少许
白萝卜油豆腐皮味噌汤	
白萝卜 … 1.5cm	
油豆腐皮 … 1/8 张	
水 … 200ml　味噌 … 2/3 大勺	

配菜 准备工作

1 四季豆去蒂，撕掉两侧的筋，然后切成 4～5cm 长。

Point 最近的四季豆基本都没有筋了。如果你发现筋撕不下来，那就不用硬撕。

2 将足量的水（另行准备）倒入雪平锅（小），用中火加热。沸腾后加入 1，煮 3～4 分钟，捞起来放在沥水篮里冷却。

拌

3 将白芝麻碎和 A 倒入不锈钢盆，加入 2，搅拌均匀。

配菜 完成！

～美味小贴士～

如果家里有研磨钵，就可以自己制作芝麻碎了。将略多于 2 勺的白芝麻倒入平底锅煎一下。芝麻发出"噼啪"的响声后倒入研磨钵磨碎，加入 A 即可。现磨的芝麻最香了！

烤鱼套餐

味噌汤

准备工作

4 白萝卜去皮,切成 0.5cm×0.5cm× 5cm 的条,油豆腐皮切成粗丝。

煮

5 将4与水倒入雪平锅(小),用中火加热,沸腾后调为小火,加入白萝卜煮透。当白萝卜柔软到竹签能轻松插进去时关火。

Point 刚化开的味噌最美味,因此要暂停味噌汤的制作工序,先准备主菜。

煎 A

用平底锅煎鲑鱼

6 (使用平底锅)用中火加热平底锅(小)。等锅足够热了,再放入鲑鱼,加盖煎1分钟。然后调为小火,继续加热1分钟,再翻面,煎3分钟。

Point 一定要加盖煎,否则鲑鱼的表面会变干。加盖也能让鲑鱼熟得更快。

7 用筷子把鱼块竖起来,花1分钟煎鱼皮。

鱼腥味来源于皮与肉之间的油脂。加热这个部位,能显著提升鱼肉的风味。

— 32 —

烤B 用烤鱼器烤鲑鱼

6 （使用烤鱼器）如果烤鱼器的说明书上要求加水，就在下方的托盘里倒一些水。用厨房纸蘸取色拉油（另行准备），在钢丝网上轻轻抹几下。或者直接在钢丝网上盖一张抹了油的铝箔纸。

Point 是否需要加水，请以烤鱼器的说明书为准。

7 用中火预热5分钟左右，然后将鲑鱼放在铁丝网或铝箔纸上，用中火烤4～5分钟。

Point 有些烤鱼器需要操作者在中途给鱼翻面。如果是需要翻面的机型，那就两边各烤2分30秒。

味噌汤 收尾

8 用中火加热5，加入味噌，搅拌均匀后关火。

完成！

～美味小贴士～

重 新加热已经加好味噌的味噌汤，风味会大打折扣，所以请大家先做其他小菜，等到万事俱备了，再把味噌加进汤里。最后只要盛上一碗饭（另行准备），套餐就大功告成啦。

初学者的西式套餐
1人份
★★★
🕒 60 分钟

肉扒套餐

最后挑战
稍微有点费时的西式套餐吧！
套餐由肉扒和沙拉组成。
因为有"静置"的环节，
所以大家一定要提前浏览菜谱，
大致了解制作流程，
这样才能心中有数。

开始前 ································
● 提前煮好米饭（或使用冷冻米饭）。

* 材料栏中的"新鲜面包屑"，可以用浸泡过的干面包屑代替（用1大勺牛奶或水泡软即可）。没有肉豆蔻的话，可以用1/2小勺番茄酱代替。

材料（1人份）

肉扒
| 混合绞肉（牛肉+猪肉）…150g |
| 洋葱 … 1/4 个　黄油 … 5g |

A	新鲜面包屑 … 2 大勺　水 … 3 大勺
	蛋黄酱 … 2 小勺
	肉豆蔻、胡椒 … 各少许

番茄酱、中浓酱 … 各 1.5 大勺

沙拉
生菜 … 2 片　小番茄 … 5 个

| B | 醋或柠檬汁 … 1/2 大勺 |
| | 盐 … 1 撮　胡椒 … 少许 |

橄榄油 … 1 大勺

肉扒 准备工作

1 将洋葱切成碎末。用小火预热平底锅（大），然后加入黄油。黄油融化后，倒入洋葱碎末。碎末变得透明时，装盘备用。

> 洋葱用小火慢慢加热会更甜哦！

揉捏

2 将绞肉倒入不锈钢盆，加入1撮盐（另行准备），反复揉捏，直到绞肉变黏。

Point 在加入其他调味料与食材之前，先加盐揉捏一会儿。如此一来，绞肉会变得更有黏性，加热后会更加鲜美多汁。

静置

3 将1与A加入2，继续揉捏，让绞肉变得更有黏性。然后用保鲜膜盖住不锈钢盆，放进冰箱冷藏室，静置30分钟以上。

Point 静置能促进调料入味。在揉捏时融化的油脂也会在静置过程中重新凝固，起到防止肉扒散架、锁住鲜美肉汁的作用。

沙拉 准备工作

4 把生菜放进冷水里泡一泡。待菜叶恢复水嫩之后，再撕成一口吞尺寸。用厨房纸吸去表面的多余水分后放进冰箱冷藏室备用。小番茄一切二。

Point 沙拉要在静置绞肉时完成。生菜表面的水分一定要擦掉。

肉扒套餐

5 将 B 倒入不锈钢盆，用打蛋器搅拌，同时逐渐加入橄榄油，搅拌均匀。

Point 沙拉酱是由本不相溶的油和水组成的，所以做好沙拉酱的关键，就是"搅拌均匀（＝乳化）"。

拌

6 将生菜和小番茄加入 5，用勺子从下往上翻搅。

沙拉 **完成！**

~ 美味小贴士 ~

这款沙拉虽然很简单，但只要脚踏实地完成每一个步骤（比如把生菜浸在冷水里，把沙拉酱搅拌均匀等），就能收获别样的美味。在肉扒完成之前，最好把沙拉放进冰箱冷藏。

肉扒 **煎**

7 将 3 捏成 2～2.5cm 厚的椭圆形，然后用一只手托住，用另一只手轻轻拍打，排出肉扒中的空气。最后在中间按出一个凹洞。

Point 拍打能有效排出肉扒中的空气。肉扒一受热就会收缩，中间会变厚，所以要在加热前按出一个凹洞。

- 36 -

⑧ 用中火加热平底锅（大）。等锅足够热了，再把肉扒放进锅里，加盖煎3分钟。

⑨ 轻轻翻面，调为小火，加盖煎5～6分钟。用竹签戳一下会有透明肉汁流出，即可装盘。

调制酱汁

⑩ 将番茄酱和中浓酱倒入同一个平底锅，用中火加热，同时搅拌。搅拌均匀后，浇在肉扒上。配上色拉与米饭（另行准备），套餐就大功告成了。

完成！

~ 美味小贴士 ~

洋　葱炒一下会更甜，绞肉静置后会更美味。这两个步骤的确有点费事，但是能显著提升成品的口味，所以大家千万不要随便省略步骤哦！

美味小创意!
各种各样的肉扒酱汁

掌握肉扒的基本做法之后,
只要稍稍调整酱汁的口味,
就能做出五花八门的肉扒啦。

清爽和风!

和风萝卜酱

将 1.5 大勺酱油和 1.5 大勺酒倒入平底锅,用中火加热。煮沸后关火,加入 2～3 勺萝卜泥,搅拌均匀,浇在肉扒上。如果家里有紫苏叶,不妨先在肉扒上放一片,然后再浇上酱汁就行了!

茄味满满,酸酸甜甜!

意式番茄酱

将番茄切成 1cm 的方块(最好用熟透的番茄),倒入平底锅,加入 50ml 水、1/2 小勺速溶法式清汤,用中火加热至汤汁变得黏稠。在做好的肉扒上盖一片遇热会融化的奶酪,浇上酱汁即可!

半冰沙司蘑菇酱

把 1/4 个洋葱竖着切成 1mm 宽,倒入平底锅,加入切成一口吞尺寸的 50g 菌菇(玉蕈、舞茸……喜欢什么就加什么)和 50ml 水,用中火加热,煮沸后调为小火,加盖煮 5 分钟左右。最后加入 2 大勺半冰沙司(直接在超市购买),煮 2～3 分钟即可!

超市有卖独立小包装的半冰沙司,要用几包就拆几包,非常方便。餐厅级的美味!

LESSON 2

回家后 20 分钟就能搞定的 "一盘餐"

本章将为大家介绍几种简单又好吃的"一盘餐"。
用的食材少,三下两下就能做好。
就算你是烹饪初学者,或是分秒必争的大忙人,
也能轻松搞定,
再也不用苦大仇深地下厨了!

倾囊相授,
让米饭粒粒分开的诀窍!

蛋炒饭

★☆☆☆
🕐 8 分钟

~ 美味小贴士 ~

做 好蛋炒饭的关键有 3 点:用热腾腾的米饭、在蛋液还没完全凝固的时候加入米饭、用充分预热过的平底锅来炒。如果家里有火腿或叉烧,不妨切碎了和米饭一起加进去。

材料（1人份）

米饭 … 约1碗（150g）	麻油 … 1大勺
大葱 … 10cm	盐 … 2撮
鸡蛋 … 1个	酱油 … 1小勺
糖 … 1/2 小勺	

准备工作

1 用微波炉（500W）加热米饭（1分半~2分钟）。如果使用的是新鲜出炉的米饭，就放在容器里摊开，冷却后再用同样的方法加热，不要盖保鲜膜，使多余的水分蒸发。大葱切成碎末。鸡蛋打入碗中，加糖搅拌均匀。

炒

2 用大火加热平底锅（大），冒烟后调为中火，铺一层麻油，然后倒入蛋液。

> 如果平底锅不够热，就无法炒出干爽的蛋炒饭了，所以预热一定要到位。

3 在蛋液的边缘开始膨胀时加入米饭（不要等蛋液完全凝固后再加），用木铲翻搅。

Point 在蛋液还没凝固时加入米饭，就能在搅拌的过程中让蛋液把米粒裹起来了。

4 搅拌均匀后，加入大葱与盐，来回翻炒。最后沿着锅壁倒入酱油，提升成品的香味。

Point 酱油的焦香，能让蛋炒饭变得更加美味，所以酱油不要直接浇在米饭上，而是要沿着锅壁倒。

爽脆的豆芽菜，配以浓稠的酱汁，
用最便宜的食材打造出的美味

蜜汁豆芽盖饭

★★★★

⏱ 15分钟

~ 美味小贴士 ~

要 让成品中的豆芽爽脆可口，关键在于"用大火快炒"。一撒盐，豆芽中的水分就会析出，所以要先炒再调味，加入调味料后立刻用鸡蛋锁住精华。

材料（1人份）

米饭 …约 1 碗（150g）	糖 …1 小勺		水 …50ml
豆芽 …1/2 袋	麻油 …1 小勺	A	味淋、酱油 …各 1 大勺
生姜 …1/2 瓣	盐、胡椒 …各少许		淀粉 …2/3 小勺
鸡蛋 …2 个	小葱（如果家里有的话）…少许		水 …2 大勺

准备工作

1 把豆芽放进冷水里泡一泡。待豆芽恢复水嫩之后取出，摘去须根。生姜切成细丝。鸡蛋打成蛋液，加糖搅拌均匀。

炒

2 用大火加热平底锅（小）。等锅足够热了，铺一层麻油，加入豆芽，用大火炒 1 分钟。

Point 不要炒太久，否则豆芽就不脆了。

3 撒入盐与胡椒，倒入蛋液，加盖用小火加热 2～3 分钟。蛋液凝固 8 成时，倒在提前盛好的米饭上。

制作蜜汁

4 将 A 倒入雪平锅（小），用中火加热。沸腾后倒入用水冲开的淀粉，一边搅拌，一边加热，直到汤汁变得黏稠。最后倒在 3 上，撒上小葱即可。

Point 倒入锅中的淀粉溶液一定要搅拌均匀，否则容易结块。如果在 A 里加 1/2 小勺醋，就能做出酸酸甜甜的酱汁了。

黏黏盖饭

准备工作

在秋葵上撒少许盐（另行准备），放在砧板上滚一滚，用开水煮1分钟左右。

1

纳豆与海藻丝用附赠的酱汁调味。秋葵切成小片。将米饭盛放在盘子中央，然后把纳豆、海藻丝和秋葵倒在米饭上。最后把蛋黄点缀在中间即可。

蛋花汤

1

将蛋白搅拌均匀备用。把出汁倒入雪平锅（小），用中火加热，加入酱油、味淋和盐。沸腾后加入淀粉溶液，缓缓搅拌，使汤汁变得浓稠。

2

倒入蛋液，做出蛋花。

多余的蛋白还能用来做汤
一眨眼的功夫就能做出两道菜

黏黏盖饭

★☆☆☆　⏱ 8分钟

材料（1人份）	蛋花汤
米饭 … 约1碗（150g）	蛋白 … 1个
秋葵 … 3～4根	出汁（第一道）… 200ml
纳豆 … 1盒	酱油、味淋 … 各1小勺
海藻丝 … 1盒	盐 … 少许
蛋黄 … 1个	淀粉 … 2/3小勺
水 … 1大勺	

~ 美味小贴士 ~

这 道盖饭做起来非常方便，切一切，拌一拌就行。把鸡蛋打开之后，把蛋黄捞出来，剩下的就是蛋白。

牛油果的切法

将刀尾插入牛油果，沿着种子竖着切一圈。然后一手握住一半，朝相反的方向扭。扭一圈，就能将牛油果一分为二了。因为盖饭只需使用半个牛油果，所以请大家用保鲜膜把带核的那一半包起来。

准备工作

牛油果去皮，切成 1cm 见方的小方块。金枪鱼也切成同样的大小。

1

将牛油果、金枪鱼和 A 倒入不锈钢盆，搅拌均匀。

2

将米饭装进饭碗，撒上海苔丝，倒上 1 即可（如果使用片状海苔，就用手先撕成碎片）。

搭配麻油和海苔
风味十足

金枪鱼牛油果盖饭

★☆☆☆　⏱ 5 分钟

材料（1 人份）

米饭 … 约 1 碗（150g）	麻油 … 1/2 小勺
金枪鱼刺身 … 50g	酱油 … 2 小勺
牛油果 … 1/2 个	味淋 … 1 小勺
海苔丝 … 少许	芥末 … 1/4 小勺

（A 包含右列）

~ 美味小贴士 ~

剩 下的牛油果可以做成沙拉，浇一点点芥末酱油也很好吃哦。

把猪肉夹在白菜叶子里
煮熟就行

五花肉千层锅

★☆☆☆　⏱ 20 分钟

材料（1 人份）

五花肉片 … 100g	味淋 … 1 大勺
白菜 … 1/8 颗	酱油 … 1 大勺
生姜 … 1 瓣	

~ 美味小贴士 ~

这 是一款特别简单的一人份炖菜。汤汁可以保留到第二天，加点米饭一起煮，再打个鸡蛋进去，就是一碗美味的鸡蛋粥啦。

准备工作

将五花肉和白菜切成大致相同的长度。生姜切成细丝。

1

将肉片与姜丝均匀夹在白菜的叶片之间。

2

切下白菜的根部，再把白菜切成 4 等份。

3

将味淋、酱油倒入雪平锅（小），将 2 竖着摆进锅里（截面朝上）。倒入半锅水（另行准备），用中火加热。煮沸后调为小火，继续加热 15 分钟即可。

准备工作

将猪肉切成一口吞尺寸,撒少许盐和胡椒(另行准备)。把韩国泡菜从冰箱里拿出来,使其恢复到常温。韭菜切成 2～3cm 长。鸡蛋打在小碗里备用。

1

用中火加热平底锅(大)。等锅足够热了,倒入 1 小勺麻油铺开,然后在距离平底锅较低的位置把鸡蛋倒进去。加盖用小火煎 2～3 分钟后,铲出备用。

2

再往锅里倒 1 小勺麻油,用中火炒猪肉。猪肉变色后,加入韭菜和泡菜一起炒。

3

沿锅壁倒入酱油,搅拌均匀后盖在米饭上,最后放上 1。

微辣的配菜加荷包蛋
简直不能更下饭

猪肉泡菜拌饭

★★☆☆　⏱ 15 分钟

材料(1 人份)

米饭 … 约 1 碗(150g)	韭菜 … 1/2 把
猪肉片 … 100g	鸡蛋 … 1 个
*里脊肉、五花肉、碎肉块皆可。	麻油 … 2 小勺
酱油 … 1/4 小勺	
韩国泡菜 … 50g(约为 2～3 大勺)	

~ 美味小贴士 ~

韩 国泡菜能定下口味的主基调,不用加太多调料,也不容易出差错。建议大家提前把蛋打在碗里,需要做荷包蛋的时候,往锅里一倒就行了。

用番茄蛋黄酱
打造餐厅水准的蛋卷

金枪鱼奶酪蛋卷

★☆☆☆　⏱ 8 分钟

材料（1 人份）

米饭 … 约 1 碗（150g）	
鸡蛋 … 2 个	奶酪片 … 1 片

A	金枪鱼罐头 … 1/2 罐	B	色拉油 … 1 大勺
	牛奶 … 2 大勺		番茄酱 … 1 大勺
	盐、胡椒 … 各少许		蛋黄酱 … 1/2 大勺

~ 美味小贴士 ~

加热时，不用太在意蛋卷的卖相，把半熟状态的蛋液归到一处就行。翻个面再装盘，就是一个漂漂亮亮的蛋卷。

准备工作

将 B 搅拌均匀，制作番茄蛋黄酱。

1

将鸡蛋打入不锈钢盆，加入 A（提前倒掉金枪鱼罐头里的油）搅拌均匀。奶酪撕成小片后加入，轻轻搅拌。

2

用大火加热平底锅（大）。等锅足够热了，调成中火，铺一层色拉油，倒入 1，用木铲大幅度搅拌几次。

3

将没有完全凝固的蛋卷折叠起来，归拢到平底锅的边缘，然后关火装盘。将米饭盛在一边，点缀几片欧芹（另行准备），浇上番茄蛋黄酱即可。

准备工作

茄子去蒂，切成一口吞尺寸。生姜切成碎末。A 搅拌均匀备用。

1

用中火加热平底锅（大）。等锅足够热了，铺 1 小勺麻油，倒入肉糜，用木铲翻炒。

2

猪肉变色后，再加 1 小勺麻油，然后倒入茄子和酱油，用小火炒 3 分钟左右。此时茄子会变软，竹签能一下子戳进去。

3

加入 A，快速翻炒后装盘，配上米饭即可。

香味扑鼻的咸甜味噌
直教人食指大动

味噌肉末炒茄子

★☆☆☆　　🕐 10 分钟

材料（1 人份）

米饭 … 约 1 碗（150g）	麻油 … 2 小勺
猪肉糜 … 50g	味噌 … 1 小勺
茄子 … 2 根	酱油 … 1.5 小勺
生姜 … 1/2 瓣	酒 … 1 大勺
糖 … 1 小勺	

~ **美味小贴士** ~

茄 子不容易煮透，要是用竹签试了还没把握，就直接试吃一下吧。

用大蒜与蛋黄酱
塑造绝佳的风味与口感

纳豆炒饭

★☆☆☆ ⏱ 8 分钟

材料（1 人份）

米饭 … 约 1 碗（150g）	小葱 … 2～3 根
蛋黄酱 … 1 大勺	麻油 … 2 小勺 +1/4 小勺
鸡蛋 … 1 个	纳豆附赠的酱汁和芥末
纳豆 … 1 盒	酱油 … 1 小勺
大蒜 … 1/2 瓣	

其中鸡蛋、纳豆、大蒜、小葱、酱油以及纳豆附赠的酱汁和芥末为 A。

~ 美味小贴士 ~

大 蒜很容易焦，所以要和冷的油一起入锅，慢慢熬出香味。

准备工作

将蛋黄酱倒入加热过的米饭（→加热方法详见 P41），搅拌均匀。鸡蛋打成蛋液。大蒜切成碎末。小葱切成小片。A 搅拌均匀备用。

1
将 2 小勺麻油与大蒜倒入平底锅（大），用文火加热 3 分钟，然后关火静置 1 分钟。

2
倒入蛋液，用大火加热。在蛋液没有完全凝固时，倒入米饭与纳豆，用木铲搅拌均匀。

3
翻炒 1～2 分钟后，加入小葱和 A，充分搅拌。关火，均匀倒入 1/4 小勺麻油，增加香味，即可装盘。

— 50 —

准备工作

洋葱竖着切成5mm宽。鸡腿肉去除油脂，切成3cm见方的小块。鸡蛋打成蛋液。

1

将水倒入平底锅（小），用中火加热。沸腾后加入鸡肉和洋葱，加盖用小火煮2~3分钟。

2

加入A继续煮。洋葱变软后关火，倒入半碗蛋液，用小火煮30秒。

3

倒入剩下的蛋液和鸭儿芹，加盖，关火。将米饭盛入饭碗，撒上碎海苔，浇上鸡肉与鸡蛋即可。

入口即化，松软可口
直逼餐厅水准

亲子饭

★☆☆☆　🕙10分钟

材料（1人份）

米饭⋯约1碗（150g）	酱油⋯1大勺
鸡腿肉⋯1/2块	酒⋯1大勺
洋葱⋯1/4个	味淋⋯3大勺

A = 酱油、酒、味淋

鸡蛋⋯1个

鸭儿芹（家里有的话/切成2~3cm）⋯适量

水⋯60ml　　碎海苔⋯少许

~ 美味小贴士 ~

分　两次倒入蛋液，就能轻松做出半熟亲子饭了，不需要任何复杂的技巧。

准备工作

洋葱切成碎末。菌菇去根，切成一口吞尺寸。咖喱调料切碎。

1

用中火预热平底锅（大），铺一层色拉油，倒入绞肉、洋葱和菌菇翻炒。

2

蔬菜变软后，加水，调为大火。沸腾后溶入味噌，加盖，用小火煮7～8分钟。

3

关火，加入咖喱调料。搅拌均匀后，用小火煮2～3分钟即可。

只用容易煮透的食材
15分钟搞定

不用炖的咖喱饭

★☆☆☆　⏱ 15分钟

材料（1人份）

米饭 … 约1碗（150g）	咖喱调料 … 1块（20g）
绞肉 … 50g ＊牛肉、猪肉、混合皆可。	菌菇 … 100g ＊玉蕈、金针菇、小蘑菇等。
色拉油 … 1小勺	洋葱 … 1/4个
水 … 150ml	味噌 … 1小勺

~ 美味小贴士 ~

多　用几种菌菇，成品会更鲜美。菌菇可以冷冻（P134），可以一次性多买一些，放在冰箱里备用。

LESSON 3

初学者也能信手拈来的经典主菜

土豆炖肉、麻婆豆腐、蛋包饭、炸鸡……
本章将要介绍的，
都是大家最熟悉的家常菜。
菜量都以"一人份"为标准进行了调整，
做法更是简单易懂。
虽然这些主菜比 LESSON 2 的"一盘餐"更费时，
但新鲜出炉的美味，
就是最佳的犒劳。

成功的秘诀是
最后用大火一鼓作气翻炒

肉片炒蔬菜

★★★★
⏱ 10分钟

~ 美味小贴士 ~

这 是一道很讲究火候的炒菜。只炒"一人份",正是通向成功的捷径。要是油放少了,最后的成品就会有很多汤水。最后要用大火翻炒,让每一块食材都沾到油!

材料（1人份）

猪肉片 … 100g	青椒 … 1 个	胡椒 … 少许
*里脊肉、五花肉、碎肉块皆可。	色拉油 … 1 大勺	酱油 … 1/2 小勺
卷心菜 … 2 片	酒 … 1 大勺	麻油 … 少许
香菇 … 2 个	盐 … 2 撮	

准备工作

1 卷心菜切成大块，香菇去根后切成薄片，青椒切成细丝。拭去蔬菜表面的多余水分。猪肉切成一口吞尺寸，撒少许盐和胡椒（另行准备）。

Point 拭去蔬菜表面的水分，能让成品的口感更清脆。

炒

2 中火加热平底锅（大）。等锅足够热了，铺 1 小勺色拉油，倒入肉片翻炒。肉片变色后装盘备用。

3 将剩下的色拉油（2 小勺）倒入同一个平底锅，加入蔬菜和酒，加盖用中火加热 1～2 分钟。

4 蔬菜稍稍变蔫后，把 2 倒回平底锅，调为大火，快速翻炒后加入盐、胡椒和酱油，搅拌均匀。最后浇一圈麻油，增加香味即可。

Point 要在蔬菜还没有完全变软时关火。加了盐之后，蔬菜中的水分会析出，所以调味步骤要放在最后。

一只平底锅就行
连配菜都能顺便搞定

生姜猪肉烧

★★☆☆
🕐 20 分钟

~ 美味小贴士 ~

先 做配菜（煎洋葱），再做生姜猪肉烧，这样就不用洗锅子了。只要巧妙分配时间、安排工序，一个人的餐桌也能很精彩哦！

材料（1 人份）

猪肉片…100g		酱油…2 小勺	煎洋葱
低筋粉…少许	A	味淋…1 大勺	洋葱…1 个
色拉油…1 小勺		生姜（泥）…1 小勺	盐、胡椒…各少许
			色拉油…1 小勺

* 低筋粉可以用等量的淀粉代替。

配菜

1 制作"煎洋葱"。将色拉油倒入平底锅（大）预热，然后将切成 1cm 厚圆片的洋葱摆在锅里。撒少许盐和胡椒，加盖用小火煎 10 ~ 15 分钟，期间视情况翻几次面。最后调为中火，煎出香味与焦痕即可装盘。

准备工作

2 切断猪肉的筋，撒少许盐和胡椒（另行准备），再撒薄薄一层低筋粉。A 搅拌均匀备用。

Point 断筋可防止肉片加热后收缩。低筋粉能让肉片的外侧更爽脆，还能起到吸收酱汁的作用。

煎

3 用中火加热平底锅（大）。等锅足够热了，铺色拉油，将肉片的正反两面煎至变色。

4 加入 A，翻动肉片，使肉片沾满酱汁，然后将肉片与酱汁一并盛入装有 1 的盘子即可。

> 在最后一步加热过度，就会蒸发过多的水分，使酱汁变浓，影响成品的口味，所以搅拌均匀后要立刻关火。

美味的诀窍是
把带皮的那一面煎出香味来

照烧鸡肉

★☆☆☆

🕒 25分钟

~ 美味小贴士 ~

从 带皮的那一面开始加热，能让成品更加香气扑鼻，实现外焦里嫩的口感。能调味的不光是调味料，还有烹饪方法哦。这样一个小细节，也是组成"美味"的关键部分。

材料（1人份）

鸡腿肉 … 1 块

A 酱油、酒、糖 … 各 1 大勺

准备工作

1 去除鸡腿肉的油脂，撒少许盐和胡椒（另行准备），在常温环境下静置 15～30 分钟。A 搅拌均匀备用。

Point 加热前的鸡腿肉是完整的一大块，有一定的厚度，不容易煎透。所以要提前从冰箱里拿出来，撒上调味料后静置一段时间，让肉恢复到室温，这样能更快煎透。

煎

2 用中火加热平底锅（大）。等锅足够热了，将鸡肉放进锅里（带皮的那一面朝下）。用煎铲按着肉，煎 4～5 分钟。煎出来的油要用厨房纸擦掉。

> 用煎铲按住，能让鸡皮变得更脆。

3 鸡皮变脆后翻面，加盖用小火煎 3～4 分钟。煎透后，用厨房纸轻轻擦拭锅底。

Point 不确定鸡肉有没有煎透时，可以把肉拿出来，把最厚的地方切开看一看。

4 加入 A，调为中火。酱汁煮沸后，调味小火，和鸡肉搅拌均匀。酱汁变得浓稠之后，把鸡肉取出，放在砧板上，切成 2cm 宽，和生菜或其他配菜（另行准备）一起装盘即可。也可以按个人口味加一些蛋黄酱。

经典家常菜，"妈妈的味道"
温润可口

土豆炖肉

★★★☆

🕐 50 分钟

~ 美味小贴士 ~

炖 菜其实不是在"炖"的时候入味的，而是在"变凉的过程中"入味的。所以炖好之后最好再"晾"一会儿，这样会更好吃哦！（实在没时间，可以把锅底浸在冰水里。）

材料（1人份）

猪肉片 ⋯ 100g	胡萝卜 ⋯ 1/4 根	水 ⋯ 150ml
*里脊肉、五花肉、碎肉块皆可。	魔芋丝 ⋯ 85g	糖 ⋯ 1.5 大勺
土豆 ⋯ 2 个	色拉油 ⋯ 1 小勺	酒 ⋯ 1 大勺
洋葱 ⋯ 1/2 个	味淋 ⋯ 2 大勺	酱油 ⋯ 2.5 大勺

A：水、糖、酒、酱油

准备工作

1 土豆去皮，切成一口吞尺寸。洋葱竖着切成 5mm 宽。胡萝卜去皮，切成 5mm 厚的银杏叶形。魔芋丝用开水煮 2～3 分钟，然后捞起来沥去多余水分。猪肉片也切成一口吞尺寸。

炒

2 用中火加热雪平锅（小）。等锅足够热了，铺一层色拉油，调成小火，翻炒蔬菜。蔬菜都沾到油之后，加入 A，调成大火，盖上肉片。

炖

3 汤汁沸腾后调为中火，加入魔芋丝，轻轻搅拌。然后盖一张湿的厨房纸，调为小火，炖 15 分钟左右。

Point 盖厨房纸能让汤汁对流，照顾到每一块食材，使成品的味道和火候更均匀。

4 土豆变软之后，加入味淋，调为大火，继续炖 1～2 分钟。然后关火，盖上厨房纸，静置 30 分钟再享用。

Point 味淋能衬托出食材的鲜味。静置会起到促进入味的作用。

超级下饭！
川菜经典

麻婆豆腐

★★☆☆
🕐 15分钟

~ 美味小贴士 ~

把豆腐换成2根茄子，就是"麻婆茄子"啦！先把茄子竖着一切二，再横着一切二，然后在平底锅里铺1大勺色拉油，把茄子炒熟后装盘备用。最后在第3步倒回锅里就行。

材料（1人份）

木棉豆腐[1] …150～200g	生姜（碎末）…1/2 小勺	水 …100ml
猪绞肉 …50g	淀粉 …1 小勺	酒 …2 大勺
色拉油 …1 小勺	水 …2 大勺	A 糖 …1.5 小勺
豆瓣酱 …1/2 小勺	醋 …1/2 小勺	酱油 …2 小勺
大葱（碎末）…10cm 的量	麻油 …少许	味噌 …1/2 小勺

1 木棉豆腐是一种比较硬的豆腐。——译者注

准备工作

1 将豆腐切成一口吞尺寸，用开水煮2～3分钟，然后捞出，沥去多余水分。

Point 把豆腐煮一下，能逼出豆腐中的多余水分，让豆腐吸收更多的调味料。在翻炒时，煮过的豆腐也不会析出太多水分。

炒

2 用中火加热平底锅（大）。等锅足够热了，铺一层色拉油，将猪绞肉炒至粒粒分开。

Point 光炒到"变色"还不够，要炒到肉稍稍收缩（变色后再等1分钟左右），析出油脂为止。这些油脂会让汤汁变得更鲜美。

3 加入豆瓣酱，搅拌均匀。冒出香味后，加入大葱和生姜，充分搅拌。然后加入A，搅拌均匀后加入1。

4 汤汁冒泡沸腾后，把火稍稍调小一些，倒入用水冲开的淀粉，同时搅拌平底锅的中央。搅拌一段时间后，汤汁会变得浓稠。继续加热30秒左右，加入醋，关火。浇一圈麻油，增加香味，最后和米饭（另行准备）一起装盘即可。

酸酸甜甜的酱汁
配以翅根与鸡蛋

糖醋翅根和鸡蛋

★★☆☆
🕐 20 分钟

~ 美味小贴士 ~

做 好这道菜的关键是，先把鸡肉煎出香味来，然后再加酱汁煮。这两个步骤的顺序，直接决定了成品的口味。大蒜并不是必需的，但它能丰富成品的风味，家里有的话就加一点吧。

材料（1人份）

鸡蛋 …1 个	水 …60ml
鸡翅根 …4 个	A 糖、酒、酱油 …各 2 大勺
色拉油 …1 小勺	醋 …1 大勺
大蒜（薄片）…1/2 瓣	

煮鸡蛋

1 将鸡蛋拿出冰箱，使其恢复到常温后放入雪平锅（小），加满水（另行准备），用中火加热。沸腾后继续煮 6 分钟，然后捞出来，放进装满冷水（另行准备）的不锈钢盆里冷却。最后一边用水冲洗，一边剥掉蛋壳。

Point 恢复到常温＝放置在室温环境下静置 10 分钟。沸腾后继续煮 6 分钟就够了，这样蛋黄不会完全凝固。

煎

2 用中火加热平底锅（小）。等锅足够热了，铺一层色拉油，将翅根放进去煎 2～3 分钟。

Point 这个步骤只是为了增添翅根的风味，只要表面有焦痕就行，不用完全煎透。

煮

3 加入大蒜，快速翻炒。能闻到大蒜的香味后，加入 A，调为大火。

4 汤汁煮沸后调为小火，把湿厨房纸或其他工具盖在翅根上，煮 10 分钟左右。然后加入 1，将火稍稍调大一些，轻轻抖动平底锅，加热 1～2 分钟后关火。

Point 盖厨房纸能让汤汁对流，照顾到每一块食材，使成品的味道和火候更均匀。

2 种不同的蛋皮，任君挑选
蛋包饭

羽衣蛋皮

★★☆☆　🕐 15 分钟

材料（1 人份）

通用：茄汁炒饭	羽衣蛋皮	蓬松蛋皮
米饭 ⋯ 约 1 碗（150g）	鸡蛋 ⋯ 2 个	鸡蛋 ⋯ 2 个
洋葱 ⋯ 1/4 个	淀粉 ⋯ 1/2 小勺	牛奶 ⋯ 2 大勺
香肠 ⋯ 2 根	牛奶 ⋯ 1 大勺	盐、胡椒 ⋯ 各少许
黄油 ⋯ 10g	盐、胡椒 ⋯ 各少许	色拉油 ⋯ 2 小勺
盐、胡椒 ⋯ 各少许	色拉油 ⋯ 1 小勺	
番茄酱 ⋯ 1 大勺		

* 香肠可以用 1 片火腿代替。

蓬松蛋皮

★★☆☆　⏱ 15分钟

> 番茄酱加得太多，炒饭就会变得黏黏的。稍微加一点点，能增添风味即可。

茄汁炒饭

1 洋葱切成碎末。香肠切成1cm的方块。米饭按P41的方法处理。

2 洋葱切成碎末。香肠切成1cm的方块。米饭按P41的方法处理。

3 调为中火，加入米饭，用木铲翻炒，将所有食材搅拌均匀。然后加入盐、胡椒和番茄酱，充分搅拌。

- 67 -

蛋包饭

羽衣蛋皮

准备工作

1. 将鸡蛋打入不锈钢盆，打成蛋液，加入盐、胡椒、用牛奶冲开的淀粉，搅拌均匀。

   淀粉能防止蛋皮破裂。

煎

2. 用中火加热平底锅（大）。等锅足够热了，铺一层色拉油，倒入1，使蛋液均匀分布在锅底。用小火加热1~2分钟，直到边缘稍稍浮起。

3. 用煎铲轻轻翻面，继续加热20~30秒。
   Point 边缘变干浮起，就说明蛋已经大致凝固了，轻轻松松就能翻过来。

裹

4. 将盘子上的番茄炒饭弄成椭圆形，把3盖上去。再盖一层厨房纸，把蛋皮的边缘塞到炒饭下面，调整形状，最后按个人口味随意点缀一些番茄酱（另行准备）即可。

~ 美味小贴士 ~

这款蛋皮里加了淀粉，只要翻面时不要用太大的力气，蛋皮就不会破。把做好的蛋皮盖在炒饭上，稍微调整一下形状就大功告成了，初学者也能轻松搞定。

蓬松蛋皮

准备工作

1. 将鸡蛋打入不锈钢盆,打成蛋液,加入牛奶、盐和胡椒,搅拌均匀。

煎

2. 用大火加热平底锅(大)。锅开始冒烟之后调为中火,铺一层色拉油,倒入1,用木铲大幅度搅拌若干次。

3. 调为小火,将没有完全凝固的蛋卷折叠起来,归拢到平底锅的边缘,然后关火。
   Point 如果用木铲不顺手,就换成煎铲吧。蛋卷的卖相不好也没关系,不用太纠结,反正最后都是要切开的!

盖

4. 将茄汁炒饭装在盘子里,大致调整成圆形,然后把3盖在炒饭上。用菜刀在蛋卷中间画一刀,最后按个人口味随意点缀一些番茄酱(另行准备)即可。

~ 美味小贴士 ~

要 做出蓬松又好看的蛋卷,需要积累一定的经验。不过刚上手的时候不用太纠结卖相,只要把没有完全凝固的蛋归到一边就行了,反正最后都是要切开的嘛!

既能配米饭，又能配面包
浇在意面上也好吃！

番茄炖鸡肉

★☆☆☆
🕐 20分钟

~ 美味小贴士 ~

这 道菜跟意面也是绝配，建议大家一次性做两人份，一份当场吃掉，另一份可以第二天再吃，或干脆冷冻起来。水准备150ml，其他材料翻个倍就行。放在冷藏室，保质期也有3~4天呢。

材料（1人份）

鸡腿肉 … 1/2 块	茄子 … 1 根		水 … 100ml
低筋粉 … 少许	西葫芦 … 1/2 根	A	番茄罐头（已经切成块的）… 1/2 罐（200g）
大蒜 … 1/2 瓣	灯笼椒 … 1/4 个		速溶法式清汤 … 1 小勺
洋葱 … 1/2 个	橄榄油 … 2 小勺		盐、胡椒 … 各少许

* 低筋粉可以用等量的淀粉代替。

准备工作

1 大蒜切成薄片，洋葱、茄子、西葫芦、灯笼椒切成 2cm 见方的方块。去除鸡腿肉的油脂，将肉切成 4 等份，撒少许盐和胡椒（另行准备），再撒上薄薄一层低筋粉。

炒

2 用中火加热平底锅（大），铺 1/2 小勺橄榄油，煎鸡肉块（带皮的那一面朝下）。
Point 稍后还要煮鸡肉，无须在这一步完全煎透。只要煎出轻微的焦痕就行。

3 鸡肉的正反两面都变色后，加入剩下的橄榄油（1.5 小勺）、蔬菜、盐与胡椒，用小火炒到蔬菜变蔫。

煮

4 加入 A，调为中火。沸腾后调为小火，加盖继续煮 10 分钟（锅盖要留一点缝隙），不时搅拌几下。最后装盘，按口味配上面包或米饭（另行准备）即可。

用小火慢慢煎
新鲜出锅的最美味！

香煎鸡胸肉

★☆☆☆
🕐 10 分钟

~ 美味小贴士 ~

鸡 胸肉容易变"柴"，加热前裹一层蛋黄酱，成品会更鲜美多汁。即便是这样，鸡胸肉放久了还是会变干，所以最好趁热吃掉。

材料（1人份）

鸡胸肉 … 1/2 块		盐 … 少许
蛋黄酱 … 1 大勺	A	糖 … 1/2 小勺
酱油 … 1/3 小勺		酒 … 1 大勺
		大蒜（泥）… 1 瓣

准备工作

1 鸡胸肉去皮，去除油脂，切成 0.5～1cm 厚（菜刀与纤维垂直）。

2 将 A 倒入不锈钢盆，搅拌均匀，然后加入 1，用手轻轻揉捏。放在常温环境下静置 10 分钟左右，再加入蛋黄酱，充分搅拌。

Point 1 揉捏能让肉块充分吸收水分。2 在常温环境下静置，能缩短加热时间。3 裹一层蛋黄酱，确保成品鲜嫩多汁！

煎

3 用中火加热平底锅（大）。等锅足够热了，加入 2，用中火煎 1 分钟，然后再用小火煎 1～2 分钟。在此过程中要不时给肉块翻面。

Point 蛋黄酱里有油，所以不用另外铺油。用小火煎，也能防止鸡肉变柴。

4 沿着锅壁倒入酱油，增加香味后装盘，趁热享用。

美酒好拍档！
经典下酒菜

鸡肉饼

★★☆☆
🕐 20 分钟

~ 美味小贴士 ~

做 鸡肉饼的诀窍跟做肉扒一样，要在准备环节加盐，反复揉捏。揉捏不到位，成品就会软硬不均，所以一定要捏到肉微微发白、变黏。

材料（1人份）

鸡绞肉 …150g	麻油 …1 小勺 +1/4 小勺
盐 …2 撮	酱油 …1 大勺
酒 …2 大勺	A 酒 …1 大勺
大葱（碎末）…1/2 根	糖 …2 小勺

揉

1 将绞肉和盐倒入不锈钢盆，揉捏 1 分钟左右，直到绞肉变黏。

> 不用揉成一团，表面微微发白变黏即可。

2 加入酒、大葱、1 小勺麻油，继续揉捏。然后把手弄湿，将绞肉分成 4 等份，捏成 1cm 厚的肉饼。最后在肉饼中间按出一个小凹洞。

Point 用湿手塑形更方便。按出凹洞是为了让肉饼更容易被煎透。

煎

3 用中火加热平底锅（大）。等锅足够热了，铺 1/4 小勺的麻油，再把 2 放进去。加盖，调为小火，煎 2 分钟左右。

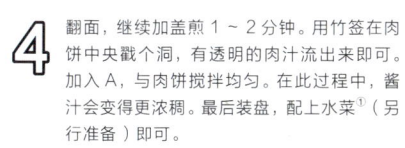

4 翻面，继续加盖煎 1～2 分钟。用竹签在肉饼中央戳个洞，有透明的肉汁流出来即可。加入 A，与肉饼搅拌均匀。在此过程中，酱汁会变得更浓稠。最后装盘，配上水菜[1]（另行准备）即可。

①水菜是日本料理常用蔬菜之一，学名为 rassicarapavar nipposinica。——译者注

不用动脑子！不用洗锅子！
蔬菜多多，简简单单

烤鲑鱼

★☆☆☆
🕐 10分钟

~ 美味小贴士 ~

最 适合在鲑鱼上市的秋季制作的菜肴之一。它的制作方法非常简单，绝对万无一失。最好用新鲜鲑鱼，实在没有，也可以用调过味的甜鲑鱼块代替。用鳕鱼、鲈鱼等白肉鱼做也很好吃哦。

材料（1人份）

鲜鲑鱼 ⋯ 1 块	黄油 ⋯ 5g
金针菇、玉蕈 ⋯ 各 1/4 株	柠檬 ⋯ 1 块
大葱 ⋯ 5cm	酱油 ⋯ 适量
酒 ⋯ 1 小勺	

准备工作

1 金针菇和玉蕈去根拆开，大葱斜着切成 3mm 的薄片。鲑鱼上撒少许盐与胡椒（另行准备）。

Point 如果使用甜鲑鱼块（咸鲑鱼块），就不用另外撒盐了，只撒胡椒即可。

裹

2 把铝箔纸剪成 30 ~ 40cm 长，中间抹薄薄一层色拉油或黄油（另行准备），然后把鲑鱼放上去。洒 1 小勺酒，依次盖上金针菇、玉蕈、大葱和黄油。

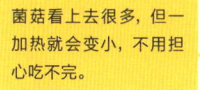

> 菌菇看上去很多，但一加热就会变小，不用担心吃不完。

3 将铝箔纸的前后两边叠起来，再把左右两边拧紧。

Point 拧过的地方要稍稍往上掰一下，以免水分泄漏。

烤

4 用中火加热平底锅（大）。等锅足够热了，把 3 放进去，加盖烤 3 ~ 4 分钟，然后调成小火，再烤 3 ~ 4 分钟。出锅后，挤一些柠檬汁浇在鲑鱼上，再倒少许酱油即可享用。

Point 也可以用烤炉或烤鱼器烤 10 ~ 15 分钟。

— 77 —

甜甜咸咸的酱汁
回味无穷

照燒鰤魚

★☆☆☆　🕐 10 分钟

材料（1 人份）

鰤鱼 … 1 块		酒 … 2 小勺
低筋粉 … 少许	A	酱油、酒 … 各 1 小勺
色拉油 … 1/2 小勺		味淋 … 2 小勺

* 低筋粉可以用等量的淀粉代替。

~ 美味小贴士 ~

" 照烧"的做法和"生姜烧"完全一样，只是用的调味料不同罢了。可以把鰤鱼做成生姜烧，也可以把旗鱼做成照烧。

1 在鱼上撒薄薄一层低筋粉。A 搅拌均匀备用。

2 用中火加热平底锅（小）。等锅足够热了，铺一层色拉油，把鱼放进去煎 2 分钟。翻面后再煎 1 分钟。

3

鱼腥味来源于皮与肉之间的油脂。把油水擦掉，能显著提升鱼肉的风味。

如果用的是鲕鱼，就用筷子把鱼块竖起来，把鱼皮煎一煎。流出来的油水要用厨房纸擦掉。

4

倒入酒，加盖后用小火蒸1~2分钟。然后加入A，不时翻面，鱼块充分吸收酱汁后即可装盘。

微辣的姜味酱汁
别有一番风味

生姜旗鱼烧

★☆☆☆　🕒 10分钟

材料（1人份）

旗鱼 … 1块	酱油 … 1小勺
低筋粉 … 少许	酒 … 2小勺
色拉油 … 1/2小勺	生姜（泥）… 1/2小勺
酒 … 2小勺	

* 低筋粉可以用等量的淀粉代替。

松软清淡
轻松无负担

松软豆腐扒

★★★☆
🕐 60分钟

~ 美味小贴士 ~

这道菜的步骤比较多。大家千万不要慌,照菜谱的要求,一步一步慢慢来,就一定能成功。这款肉扒走的是和风路线,口味比之前介绍的肉扒更清淡。豆腐占的比重很大,清爽不油腻。

材料（1人份）

猪绞肉、木棉豆腐 … 各 100g	鸡蛋 … 1 个		出汁 … 80ml
盐 … 1 撮	生姜（泥）… 1/2 小勺		味淋 … 1 大勺
洋葱（碎末）… 1/4 个	淀粉 … 2/3 小勺	A	酱油 … 2/3 大勺
麻油 … 1/2 小勺 +1/4 小勺	水 … 2 大勺		盐 … 1/4 小勺
新鲜面包屑 … 2 大勺			生姜（泥）… 少许

* 新鲜面包屑可以用浸泡过的干面包屑代替（用 1 大勺牛奶或水泡软即可）。

准备工作

1 用厨房纸把豆腐包起来，用盘子或其他重物压 10 分钟左右，逼出多余的水分。用中火预热平底锅（大），铺 1/2 小勺麻油，倒入洋葱后调成小火翻炒。洋葱变得透明时，装盘备用。

揉

2 将绞肉倒进不锈钢盆，撒盐，揉捏 1 分钟左右，直到绞肉变黏。然后加入 1、新鲜面包屑、鸡蛋和生姜，继续揉捏。搅拌均匀后，用保鲜膜把不锈钢盆盖住，放进冰箱冷藏室静置 30 分钟以上。

Point "静置"有助于入味，而"冷却"能防止鲜美的肉汁在加热时过度流失。

煎

3 将 2 一分为二，捏成 2 ~ 2.5cm 厚的椭圆形肉饼，然后用一只手托住，用另一只手轻轻拍打，排出肉扒中的空气，再在中间按出一个凹洞。用中火加热平底锅（大），等锅足够热了，铺 1/4 小勺麻油，把肉饼放进去，加盖煎 3 分钟。

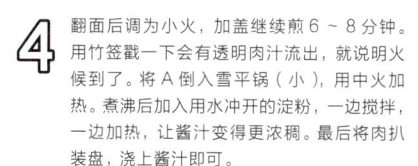

4 翻面后调为小火，加盖继续煎 6 ~ 8 分钟。用竹签戳一下会有透明肉汁流出，就说明火候到了。将 A 倒入雪平锅（小），用中火加热。煮沸后加入用水冲开的淀粉，一边搅拌，一边加热，让酱汁变得更浓稠。最后将肉扒装盘，浇上酱汁即可。

夏日佳品
有菜有肉，清清爽爽

熟菜沙拉

★☆☆☆
⏱ 15 分钟

~ 美味小贴士 ~

蔬 菜不妨随意组合，选自己喜欢吃的也可以，选容易买到的也没问题。沙拉酱不一定要自己做，直接用橙醋或超市买的沙拉酱也行。把材料栏里的橄榄油换成麻油，就是"中式沙拉"了。

材料（1人份）

猪肉片（适用于火锅）…150g	南瓜 … 1/16 个	A 酱油、酒 … 各 2 大勺
酒 … 1 大勺	生菜 … 1/4 棵	橄榄油 … 1 大勺
番茄 … 1 个	西蓝花芽 … 1 株	
	淀粉 … 适量	

准备工作

1 将南瓜切成 5mm 厚的薄片，摆在盘子上，盖上保鲜膜（不用拉得很紧），用微波炉（500W）加热 2～3 分钟。此时的南瓜片应该能用竹签轻松戳穿。取出后放在一边冷却备用。

2 在猪肉片上撒少许盐和胡椒（另行准备），再洒上酒，静置 5 分钟左右，然后均匀撒上薄薄一层淀粉。
Point 淀粉能锁住鲜美的肉汁，也能让肉片吸附更多的沙拉酱。

煮

3 在雪平锅（大）中装满水，用大火加热。另取一个不锈钢盆，倒入冰块后加水。锅里的水沸腾后，将 2 ～ 片一片放进水里。肉片变色后捞出，浸入冰水冷却，捞出后用厨房纸拭去多余水分，摆在盘子上。最后在盘子上盖一层保鲜膜，放进冰箱冷藏室。

准备蔬菜

4 把生菜浸入冰水，菜叶恢复爽脆后撕成一口吞尺寸。西兰花芽去根。番茄切成 8 等份（半圆形）。所有蔬菜都要拭去表面的多余水分。将 A 搅拌均匀，即为沙拉酱。最后将肉和蔬菜一并装盘，浇上沙拉酱即可享用。

满满一碗蔬菜
没肉也管饱

什锦汤

★★☆☆
🕐 30分钟

~ 美味小贴士 ~

这款什锦汤用到了许多蔬菜,营养全面均衡。如果放在冰箱里冷藏,保质期大约有3~4天,建议大家一次性做2碗的量,用调料加以区分,如此一来连吃两顿也不会腻。加几块烤过的年糕或乌冬一起煮也很好吃哦。

材料（1人份×2碗）

木棉豆腐 … 1 块（300g）	大葱 … 1/2 根	麻油 … 2 小勺
芋头 … 2 个	白萝卜 … 5cm	水 … 600ml
牛蒡 … 1/2 根	胡萝卜 … 1/4 根	味噌、酱油 … 各 2 小勺

准备工作

1 用 3～4 张厨房纸将豆腐裹起来，放在盘子上静置 10 分钟左右，让厨房纸吸去多余的水分。

> 不用压重物，光是用厨房纸裹起来就能起到去除水分的效果。

2 芋头去皮，切成一口吞尺寸。牛蒡切成竹叶状，浸水。大葱斜着切成 1cm 厚的薄片。白萝卜与胡萝卜切成 5mm 厚的银杏叶形。芋头和牛蒡要用厨房纸拭去表面的水分。

炒

3 用中火加热平底锅（大）。等锅足够热了，铺一层麻油，翻炒蔬菜。蔬菜稍稍变蔫后，加入用手掰碎的豆腐，轻轻翻炒。

炖

4 加水加盖，继续用中火加热。煮沸后调为小火，捞出表面的杂质，继续炖 20 分钟左右。然后将汤分为两份。在享用之前，在其中一份里加入味噌，在另一份里倒入酱油即可。亦可按个人口味加入七味唐辛子[1]或柚子胡椒（另行准备）。

[1] 七味唐辛子，亦称"七味粉"，是日本料理中一种以辣椒为主材料的调味料，由辣椒和其他六种不同的香辛料配制而成。柚子胡椒是九州地区特有的调味料，用九州的小型青柚的柚皮加上朝天椒，和在一起，加入盐，剁碎，然后手工研磨制成。——译者注

独居
必学炸物

很多人觉得"炸物"不好做，
但新鲜出锅的炸物才是千金难买的人间美味啊！
下面为大家介绍两种独居人士也能轻松完成的家常炸物。

＼3个诀窍／

1 做什么？

天妇罗、可乐饼、猪排……这几种炸物做起来费时又费力，而且还很讲究技巧，所以独居人士还是买现成的比较合算。下面要介绍的两种炸物，都是人见人爱，而且制作方法也很简单的品种。先从简简单单的炸蔬菜做起，积累一定的经验之后再挑战炸鸡块。

【推荐品种】
· 炸蔬菜→ P89
· 炸鸡块→ P90

2 用最少的油炸，省油！

"炸"是一种很耗油的烹饪方法，可是用大量的油去做"一份人料理"未免太划不来了。下面将要介绍的两种炸物能用最少量的油完成，味道却不打折扣。

3 油只用 1～2 次

用过的油会逐渐氧化，失去其原有的风味。反复加热产生的化学物质也不利于健康。而且把用过的油存起来也很麻烦。既然可以用少量的油完成，那就不用考虑这些问题了，油用过 1～2 次就可以倒掉（※ 要用厨房纸或报纸把油吸掉，按"可燃垃圾"处理。不要直接倒进排水口！）。炸过荤菜的油有腥味，不能用来炸素菜，所以要先炸素菜，再炸荤菜，炸完就能把油处理掉了。

炸物凉了怎么办？
→用烤箱热一热，外皮就能恢复爽脆的状态了（用微波炉加热，外皮会变得软绵绵的）。就算是买回家的熟食，也能有"刚出炉"的口感哦！

炸物入门基本规则

● 油

【种类】用最普通的色拉油即可。菜油、芥花油、玉米油……手头有什么油就用什么油。

【用量】油层厚度为1～2cm（使用平底锅）。

● 出锅的时机

判断出锅时机也得靠经验，下面几个标准仅供参考。食材中的多余水分被逼出之后，就会出现下列变化。

变化标准

【刚开始炸→出锅】

气泡……变小
声音……变高
重量……变轻

● 温控

将干燥的长筷子插入油里，用气泡判断油温。不过这种判断方法需要一定的经验，刚入门时还是用温度计比较保险。油有两个特性："油温会在加热期间不断上升""一次性倒入大量食材，油温会迅速下降"。在加热过程中，要用长筷子不时搅拌一下，让油温更均匀。

160度 低温
小气泡缓缓从筷子顶端冒出。

170度 中温
筷子浸在油里的部分都在缓缓冒泡。

180度 高温
小气泡喷涌而出。

● 沥油

"炸"的过程固然重要，可是要打造出外脆内嫩的口感，炸完之后的"沥油"步骤也必不可少。炸物出锅后，要放在架了沥油网的盘子上，不要直接接触到盘子。让炸物处于半悬空状态，有助于沥去多余的油。炸物最好不要叠放。

炸的时候千万不要走开！！

用少量的油
也能炸得外焦里嫩！
炸蔬菜与炸鸡块

炸蔬菜

★★☆☆
⏱ 20 分钟

材料（1人份）

自选蔬菜 … 想吃的量
色拉油 … 适量
盐 … 随意

* 蔬菜可选择茄子、南瓜、灯笼椒、芦笋、四季豆、秋葵、西葫芦、柿子椒、洋葱、牛蒡、红薯、莲藕等。

1 南瓜、红薯等根菜不容易熟，所以要切成1cm厚的一口吞尺寸。莲藕切成5mm厚的银杏叶形。牛蒡斜着切成1cm的薄片。洋葱、茄子、西葫芦切成1.5cm厚的半圆形或圆形小片。灯笼椒切成滚刀块。

* 四季豆、秋葵、柿子椒等"袋状"蔬菜要用竹签戳几个小洞，防止它们遇热后炸开。

2 在平底锅（大）里倒1～2cm深的色拉油，用大火加热。油温达到160～170摄氏度时调为小火，加入1。从水分最少的蔬菜（如根菜）开始炸，按种类分批入锅（不要一次性放太多食材，要留出1/3的油面）。

3 根菜不容易熟，需要加热1～2分钟。其他蔬菜炸30秒左右即可（此时蔬菜表面会变成金黄色）。出锅后的蔬菜要放在沥油网上。趁热撒少许盐。

～ 美味小贴士 ～

一 样炸了，不妨多炸一些，当场吃掉一部分，剩下的做成凉菜。如果准备在当天的第二顿吃掉，那就趁热浸入下面介绍的调料，静置一段时间之后即可享用。(如果打算第二天再吃，最好先放在常温环境下冷却，然后放进冰箱冷藏！)

·调料1（醋汁）
将3大勺酱油、2大勺醋、味淋和糖各1小勺搅拌均匀即可。

·调料2（出汁 + 酱油）
将50ml出汁（第一道或第二道）、酱油和味淋各1.5大勺倒入雪平锅（小），用中火加热。煮沸后加入1小勺生姜（泥）即可。

炸鸡块

★★★☆
⏱ 30 分钟

材料（1人份）

鸡腿肉 … 1 块	
A	酒 … 1 大勺
	盐 … 1/4 小勺
	生姜、大蒜（泥）… 各 1 小勺
	酱油 … 2 小勺
	糖 … 1 撮
淀粉 … 2 大勺	
色拉油 … 适量	

1 去除鸡肉的油脂，然后将鸡肉切成6等分。撒少许盐（另行准备），静置10分钟后用厨房纸拭去表面的水分。

2 将A倒入不锈钢盆，搅拌均匀后加入1，用手反复揉搓，然后放在常温环境下静置10~20分钟。

3 用厨房纸轻轻拭去2表面的水分，然后撒薄薄一层淀粉。

4 在平底锅（大）里倒1~2cm深的色拉油，用大火加热。油温达到160~170摄氏度时调为小火，将2捏成球形，放进锅里（带皮的那一面朝上）。

5 鸡块刚入锅时，不要用筷子戳。先用小火炸3分钟，翻面后再用中火炸3分钟。然后再次翻面，炸1分钟。如果偏好脆一点的口感，就再翻一次面，炸1分钟。出锅后放在沥油网上。

~ 美味小贴士 ~

先 用低温将鸡肉炸透，然后调节成中火，把外皮炸脆。鸡块刚入锅的时候不要老是用筷子戳！

LESSON 4

配角也精彩
美味配菜

当你开始享受下厨的乐趣时,
就可以丰富配菜的种类了。
只要加一碟沙拉、
炖菜之类的常备菜,
餐桌就会变得更有活力。
本章还会介绍几款能用剩菜制作的小配菜哦!

鸡蛋 只要在冰箱里备上一盘，一个人的餐桌也不寂寞！

美味鸡蛋烧

就算家里只有圆形的平底锅，只要仔仔细细折叠几次，
再用保鲜膜包起来，调整好形状，就是一份漂漂亮亮的鸡蛋烧。
平底锅（大）用 3 个鸡蛋为佳，
平底锅（小）用 2 个鸡蛋最合适。

① 日本有专门用来做鸡蛋烧的方形平底锅。——译者注

材料[使用平底锅(小)制作1根]
*括号内为使用平底锅(大)的分量。

鸡蛋…2个（3个）

A
- 糖…2小勺（3小勺）
- 牛奶…2小勺（3小勺）
  *可以用水代替。
- 酱油…1/3小勺（2/3小勺）
- 盐…1撮（2撮）

色拉油…2小勺（1大勺）

1 
将鸡蛋打入不锈钢盆，加入A，用筷子搅拌均匀。不时用筷子捞起蛋白（如图所示），将蛋白搅开。

2
用中火加热平底锅，等锅足够热了，铺1小勺色拉油，倒入1/3的1。稍稍倾斜平底锅，让蛋液铺满锅底，然后用筷子大幅度搅拌几次，使蛋液呈半熟状态。

3
边缘变干浮起后，插入煎铲（此时蛋液还没有完全凝固），从外往里折叠4～5次。

4
折到底后，倒入1/2小勺色拉油，用厨房纸抹匀，再用煎铲把鸡蛋推到最外面，在里侧也抹一些色拉油。

5
倒入剩下的蛋液的一半，然后用筷子稍稍抬起已经成型的鸡蛋烧，让蛋液铺满平底锅。

6
用3的方法，从外往里折叠。然后用剩下的色拉油和蛋液重复上述步骤。

7 
将鸡蛋烧放在保鲜膜上，裹紧后用手调整形状。最后切成一口吞大小，装盘即可。

豆腐

只要使用不同的调味料，就能打造出各种各样的凉拌豆腐了。而且凉拌豆腐做起来不花时间，再忙也不怕。

纳豆

大豆兄弟连！把纳豆和附赠的酱汁浇在豆腐上就行。如果家里有海苔，也可以一并加上。

香味蔬菜

将大葱和蘘荷切成碎末，用酱油和麻油搅拌均匀，倒在豆腐上即可。切好的大葱和蘘荷可以冷冻起来，随用随取（P134）。

凉拌豆腐大比拼

黑蜜

将2份黑糖（或红糖）和1份水倒入雪平锅（小），用中火加热。汤汁变得浓稠之后浇在豆腐上即可。把豆腐当甜点吃！

金枪鱼 & 洋葱

家里可以常备几个金枪鱼罐头，实在没食材可用了，就开上一罐。直接拌豆腐吃就很不错，加些洋葱丝和酱油更美味哦。

关于豆腐的种类

豆腐可大致分为木棉豆腐、绢豆腐、充填豆腐等品种（木棉豆腐相对比较硬，绢豆腐属于嫩豆腐，充填豆腐是加过一些配料的豆腐。在中国被称为"日本豆腐"的鸡蛋豆腐就属于"充填豆腐"。——译者注）。这几种豆腐都可以做成凉拌豆腐，大家完全可以按自己的口味选择。不过独居人士最好选用充填豆腐，因为充填豆腐的做法是把豆浆和凝固剂倒入包装盒，密封后连盒子一并加热，所以相较于其他豆腐，它的保质期更长一些。而且充填豆腐多为小包装，倒出来就能用，非常方便。充填豆腐的口感和绢豆腐比较像，十分顺滑。

麻油 & 盐

家里没别的食材怎么办！别担心，只要有麻油和盐，就能做出一份凉拌豆腐了。把麻油换成橄榄油也行！

意式

把番茄切成小块，加入盐和橄榄油，搅拌均匀后倒在豆腐上即可。直接用小番茄会更方便哦！

做法（通用）

充填豆腐倒出包装盒后即可使用。木棉豆腐与绢豆腐要切成合适的大小，盖一层厨房纸，吸去多余的水分之后，再根据食谱的要求进入下一个步骤。

浓香蜜汁

把 8 份出汁 +1 份味淋 +1 份酱油倒入雪平锅（小），用中火加热。煮沸后加入少许淀粉溶液勾芡。把做好的蜜汁浇在豆腐上即可。如果家里有芥末，也可以稍微点缀一些。

香辣

稍微加一些辣油、柚子胡椒、黑胡椒粗末等辣味调料，再用盐或酱油调味即可。

蔬菜 沙拉

本节将为大家介绍几款用常见蔬菜制作的家常沙拉。小小一盘沙拉，也是均衡膳食的利器！

菜丝沙拉

材料（容易制作的分量）

卷心菜 … 1/4 棵
洋葱 … 1/4 个

A	胡椒 … 少许
	蛋黄酱 … 1 大勺
	牛奶 … 2 小勺
	醋 … 1/2 小勺
	糖 … 1/2 小勺

* 保质期
→冷藏 2~3 天

1. 卷心菜切成细丝，洋葱竖着切成 1mm 宽，一并装入不锈钢盆，撒 2 撮盐（另行准备），用手搅拌均匀。静置 10 分钟后，轻轻挤一挤，沥去析出的水分。

2. 另取一个不锈钢盆，倒入 A，用打蛋器搅拌均匀后加入 1，充分搅拌。

3. 将 2 放入冰箱冷藏 10 分钟左右，促进入味。如果家里有玉米粒（可以用玉米罐头，也可以用解冻好的冷冻玉米粒），就加 2~3 大勺，如此一来，最后的成品会更好看。

萝卜干黄瓜沙拉

材料（容易制作的分量）

萝卜干 … 20g
黄瓜 … 1/2 根

A	酱油、醋 … 各 1 大勺
	麻油 … 1 小勺
	白芝麻粉 … 2 大勺

* 保质期
→冷藏 3~4 天

1. 萝卜干洗净后倒入不锈钢盆，加入足量的开水，浸泡 10 分钟左右。然后将萝卜干捞出，放在沥水篮里，用力挤出多余的水分，再切成合适的长度。黄瓜切成 2mm 厚的圆片。

2. 将 A 倒入不锈钢盆，用打蛋器搅拌均匀后加入 1，充分搅拌即可。

土豆沙拉

材料（容易制作的分量）

土豆…2个
黄瓜…1/4根
洋葱…1/8个
火腿…1片
醋…1/2小勺
盐、胡椒…各少许
蛋黄酱…1.5大勺
牛奶…1~2大勺

*保质期
→冷藏2~3天

1. 土豆去皮，切成一口吞尺寸。黄瓜切成2mm厚的圆片。洋葱竖着切成1mm。将上述食材全部倒入不锈钢盆，加入2撮盐（另行准备），用手搅拌均匀。静置5分钟后，用清水冲洗一遍，再轻轻挤出多余的水分。火腿切成5mm×2cm的尺寸。

2. 将土豆倒入雪平锅（小）（水位要没过食材），用中火煮15分钟左右，直到土豆能用竹签轻松戳穿。

3. 倒掉开水，一边摇晃雪平锅，一边用小火~中火加热，蒸干土豆表面的水分。

4. 将3转移到不锈钢盆中，用木铲或其他工具碾碎，趁热加入醋、盐与胡椒，搅拌均匀。

5. 将黄瓜、洋葱、火腿、蛋黄酱和牛奶加入4，搅拌均匀即可。

胡萝卜丝沙拉

材料（容易制作的分量）

胡萝卜…1/2根

A	盐、胡椒…各少许
	柠檬汁、橄榄油…各1大勺
	糖…1撮

*保质期
→冷藏4~5天

1. 将胡萝卜磨成泥，或切成细丝。

2. 将A倒入不锈钢盆，用打蛋器搅拌均匀，然后加入1，充分搅拌即可。

蔬菜 **经典常备菜** 日本料理的必备配菜,不妨亲手一试!

煮羊栖菜

材料(容易制作的分量)

羊栖菜(干)…15g

油豆腐皮…1/2 张

*也可以用1块炸鱼饼代替。

胡萝卜…3～4cm

A
| 自选出汁…120ml |
| 酱油、酒…各2大勺 |
| 糖…1大勺 |

*保质期
→冷藏5天

1. 将羊栖菜洗净,倒入不锈钢盆,加满水,泡发20分钟左右。然后捞出羊栖菜,放在沥水篮中,沥去多余水分。如果羊栖菜比较长,就切成合适的长度。油豆腐皮和胡萝卜切成3～4cm长的细丝。

2. 将1与A倒入雪平锅(小),用中火加热。煮沸后调为小火,用湿厨房纸或小锅盖盖住,继续加热15～20分钟即可。

煮萝卜干

材料（容易制作的分量）

萝卜干 … 20g

油豆腐皮 … 1/2 张

＊也可以用 1 块炸鱼饼代替。

胡萝卜 … 3 ～ 4cm

A
| 自选出汁 … 150ml |
| 酱油 … 2 小勺 |
| 酒 … 3 大勺 |
| 糖 … 1 大勺 |
| 盐 … 2 撮 |

＊保质期
→冷藏 5 天

1. 将萝卜干倒入装满水的不锈钢盆，用手用力揉搓，将表面洗净，然后换一盆水，再洗一遍（这个步骤需要重复 2 ～ 3 次）。之后将萝卜干浸在清水中，泡发 10 分钟左右。泡好后，将萝卜干捞起来，放在沥水篮中，沥去多余水分。如果萝卜干比较长，就切成合适的长度。油豆腐皮和胡萝卜切成 3 ～ 4cm 长的细丝。

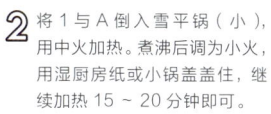

2. 将 1 与 A 倒入雪平锅（小），用中火加热。煮沸后调为小火，用湿厨房纸或小锅盖盖住，继续加热 15 ～ 20 分钟即可。

蔬菜 经典常备菜

5 种常备小菜

材料（容易制作的分量）

自选蔬菜 … 参考 P101
辣椒 … 1/2 根
麻油 … 1 大勺
A｜酒、糖、酱油 … 各 1 大勺

* 保质期
→冷藏 5 天

1. 按下一页的方法处理蔬菜，然后用厨房纸拭去蔬菜表面的水分。辣椒去籽后切成圆片。

2. 用中火加热平底锅（大），然后铺一层麻油，加入 1 翻炒。

3. 蔬菜稍稍变蔫后，加入 A，炒到汤汁被蔬菜完全吸收即可。

A　　B　　C

蔬菜的处理方法

A 牛蒡（1根）
→切成竹叶状，倒入不锈钢盆，放满水，浸泡5分钟后捞起。

B 土豆（2个）
→切成细丝，倒入不锈钢盆，放满水，浸泡5分钟后捞起。

C 胡萝卜（1根）→切成细丝。

D 莲藕（200g）
→切成1mm厚的银杏叶形，倒入不锈钢盆，放满水，浸泡5分钟后捞起。

E 青椒（4个）→切成细丝。

换个味道

A、**E** 原味→按菜谱操作

B 咸味
→用2～3撮盐代替酱油。

C 醋味
→在加入A时，一并加入1/2大勺醋。

D 芝麻
→按菜谱操作，最后加入1～2大勺白芝麻粉。

变种

* 除了上面介绍的吃法，还可以加一些切碎的米饭或鸡蛋烧。加点生菜或黄瓜，用蛋黄酱拌一拌，就是一盘沙拉了。把它们倒在切片面包上，盖一张会融化的奶酪，用烤箱烤一烤也不错哦！

蔬菜 / 经典常备菜

煮菠菜

材料（容易制作的分量）

菠菜 … 1/2 束（150g）	
A	出汁（第一道或第二道）
	酱油 … 各 1.5 大勺
木鱼花 … 少许	

* 保质期
→冷藏 2 天

1. 菠菜的根部泡水 10 分钟，让菜叶恢复爽脆的状态。在不锈钢盆中倒满冷水，备用。

2. 在雪平锅（大）里倒满水，用中火加热。煮沸后将菠菜插入锅里（根部朝下），煮 10 秒左右捞出，立刻浸入装有冷水的不锈钢盆，再用流水冲洗。

3. 将菠菜挤干，切成 2～3cm 长。在享用前，倒入搅拌均匀的 A，再撒少许木鱼花即可。

醋拌黄瓜裙带菜

材料（容易制作的分量）

黄瓜 … 1 根

咸味裙带菜 … 20g

* 如果使用裙带菜干，则只需要 5g。

A	醋 … 2 大勺
	出汁（第一道或第二道）
	糖 … 各 1 大勺
	盐 … 2 撮

* 保质期
→冷藏 2～3 天

1. 将黄瓜放在砧板上滚一滚，然后切成 2mm 厚的圆片，撒少许盐（另行准备），静置 10 分钟左右之后挤去多余的水分。

2. 用清水冲去咸味裙带菜表面的盐分。如果使用裙带菜干，则将裙带菜浸入倒满水的不锈钢盆，泡发 10 分钟左右。无论使用哪一种裙带菜，最后都要挤去多余水分。如果裙带菜比较大，还需要切成合适的尺寸。

3. 将 A 倒入不锈钢盆，搅拌均匀后加入 1 和 2，充分搅拌即可。

煮南瓜

材料（容易制作的分量）

南瓜 … 1/8 个	
A	水 … 100ml
	酒 … 1 大勺
	糖 … 1 大勺
	酱油 … 2 小勺
味淋 … 1 大勺	

* 保质期
→冷藏 3 ~ 4 天

1. 南瓜去皮、去籽、去瓤，切成一口吞尺寸后，浸在水里泡一下。

2. 将1与A倒入雪平锅（小），用中火加热。煮沸后调为小火，用湿厨房纸或小锅盖盖住，继续加热15分钟左右。

3. 南瓜能用竹签轻松戳穿时，加入味淋，调为中火，加热 1 ~ 2 分钟后关火。将南瓜倒入沥水篮，沥去汤水后即可装盘。

油豆腐皮煮芜菁

材料（容易制作的分量）

芜菁 … 3 个	
油豆腐皮 … 1/2 张	
A	水 … 100ml
	酒 … 2 大勺
	酱油 … 1 大勺
	盐 … 2 撮
味淋 … 2 大勺	

* 保质期
→冷藏 2 ~ 3 天

1. 芜菁去茎削皮（皮不要削得太薄），切成4段，再切成半圆形。切下的茎用清水洗净，取其中的一小部分，切成碎末。油豆腐皮切成长条。

2. 将1与A倒入雪平锅（小），用中火加热。煮沸后调为小火，用湿厨房纸或小锅盖盖住，继续加热15分钟左右。

3. 芜菁能用竹签轻松戳穿时，加入味淋，调为中火，加热 2 ~ 3 分钟后关火即可。

蔬菜 — 用剩菜做配菜

一个人住，冰箱里难免会有用不完的蔬菜。学会这几种配菜，就能把冰箱清理干净啦。

用这三种蔬菜

- **A** 卷心菜 → 切成大块。
- **B** 灯笼椒 → 竖着切成细丝。
- **C** 四季豆 → 切成 4～5cm 长，用开水焯 2～3 分钟后倒入沥水篮。

蒜香时蔬

材料（容易制作的分量）

自选蔬菜 … 100g 左右
大蒜 … 1 瓣
橄榄油 … 2 大勺
盐 … 适量

1 将蔬菜按相应的方法处理妥当。大蒜切成薄片。

2 将大蒜和橄榄油倒入平底锅（大），用小火翻炒。在此过程中需要不时关火，以防油温过高。炒至大蒜表面变为浅金色即可。

3 加入蔬菜和盐，用小火将蔬菜炒熟，最后用稍大一些的火翻炒若干次。

除此之外

茄子、西葫芦、灯笼椒、青椒、芦笋可直接按菜谱操作。
土豆、莲藕、南瓜要在第 3 步多花一些时间才能煮透。
菠菜和四季豆一样，要先用开水焯 2～3 分钟再炒。

用这三种蔬菜

A 菠菜（1束）
→用开水焯20秒左右，再浸入冷水，然后捞起来挤干。去根后切成2～3cm长。

B 白菜（1/10棵）
→切成5cm×5mm。

C 豆芽（1袋）
→用开水焯30秒左右，倒入沥水篮。

韩式凉拌蔬菜

材料（容易制作的分量）

自选蔬菜 … 用相应的方法处理	
A	酱油 … 2小勺
	麻油 … 2小勺
	大蒜（泥）… 1/2小勺
	豆瓣酱 … 1/4小勺

1 蔬菜按相应的方法处理，倒入不锈钢盆，撒2撮盐（另行准备），静置10分钟左右，然后挤干。

2 另取一个不锈钢盆，加入A，搅拌均匀后加入1，充分搅拌即可。

除此之外

胡萝卜（1根）→切成细丝后倒入小锅，加入刚好没过细丝的水，用中火加热。沸腾后继续煮1～2分钟即可捞出。

蔬菜 / 用剩菜做酱菜

浅渍时蔬

材料（容易制作的分量）

蔬菜 … 共 200g

* 黄瓜、胡萝卜、卷心菜、茄子等。

A	盐 … 1/2 小勺
	酱油、味淋 … 各 2 大勺

* 保质期 → 冷藏 2~3 天

1. 将蔬菜切成一口吞尺寸。
2. 将 1 和 A 倒入保鲜袋，用手反复揉捏，然后静置 10 分钟左右。如果不是立刻享用，则需挤干后再倒入容器。

什锦酱菜

材料（容易制作的分量）

蔬菜 … 共 200g

* 黄瓜、芹菜、胡萝卜、灯笼椒、白萝卜、洋葱、芜菁等。

A	水、醋 … 各 100ml
	糖 … 50g
	盐 … 2 小勺　胡椒 … 少许
	辣椒 … 1 根

* 保质期 → 冷藏 2 周

1. 将黄瓜、芹菜、胡萝卜、灯笼椒切成 1cm×1cm×3~4cm 的小棍。芜菁、洋葱去皮后切成一口吞尺寸。辣椒去籽，切成小圆片。
2. 将 A 倒入雪平锅（小），用中火加热。煮沸后加入 1，关火，冷却后即可享用。如果不是立刻享用，则要连同汤汁一并倒入容器，确保食材都浸在汤汁里。

LESSON 5

最爱面条

面条是一种人见人爱的主食。
只要掌握下面几种简单方便的制作方法，
无论是独居人士，还是烹饪初学者，或是忙碌的职场精英，
都能在家中轻松品尝到美味的面条。
先从最基本的 6 种面条学起吧！

意面的基本煮法

1 在雪平锅（大）中倒满水（1人份的话约为1L），用大火加热。

2 煮开后加1大勺盐，调为中火，加入意面。

3 不时搅拌一下面条。如果之后需要和其他食材一起炒，加热时间要比包装袋上写的少1分钟。如果是加入酱汁搅拌一下就能吃，那就按包装袋上写的时间加热。

Point1 煮面时加1大勺盐，给面条调味。

Point2 锅里加满水，煮到水开始"咕咚咕咚"冒泡后再把面条放进去。

食材简单，
冰箱里空空如也的时候就选它吧

辣味意面

★☆☆☆
🕐 10分钟

~ 美味小贴士 ~

这款意面使用的食材非常简单，所以成品美味与否，与盐的用量等烹饪基础有着密不可分的联系。请大家务必按照菜谱的要求仔细操作。

材料（1人份）

意面 …100g	橄榄油 …1.5 大勺
大蒜 …1 瓣	盐 …适量
辣椒 …1 根	

准备工作

1 大蒜切成薄片，辣椒去籽切成圆片。意面用上一页介绍的煮法煮好。

Point 加热时间要比包装袋上写的少 1 分钟。

炒

2 将橄榄油、大蒜和辣椒倒入平底锅（大），用小火加热。

Point 大蒜很容易焦，一焦就会产生苦味，所以要用小火慢慢加热，吊出香味。

3 不时关火，以免油温过高。炒至大蒜表面呈浅金色。

大蒜的颜色不能炒得太深。

4 加入 2 大勺煮过意面的开水，调为中火，一边摇晃平底锅，一边用木铲搅拌。汤水的颜色稍稍发白后，加入沥干多余水分的意面，搅拌均匀，按个人口味用盐调味即可。

只要有牛奶和鸡蛋
就能轻松打造出的美味

奶油意面

★★☆☆
⏱ 15分钟

~ 美味小贴士 ~

在 不锈钢盆中搅拌，用余温加热蛋液。这样能防止鸡蛋凝固，做出醇厚的酱汁。如果偏爱香浓的风味，不妨在牛奶里加少许鲜奶油，再把鸡蛋换成蛋黄。

材料（1人份）

意面 … 100g	鸡蛋 … 1个
培根 … 2片	A 奶酪粉 … 2大勺
大蒜 … 1/2 瓣	牛奶 … 2大勺
橄榄油 … 2小勺	盐、胡椒 … 适量

准备工作

1 将A倒入大号不锈钢盆，搅拌均匀后放在常温环境下静置10分钟左右。大蒜切成碎末，培根切成1cm宽。意面按P108的方法煮好。
Point 加热时间要比包装袋上写的少1分钟。

炒

2 用小火加热平底锅（大），加入培根，翻炒2～3分钟。关火后，加入大蒜和橄榄油，用文火翻炒。大蒜表面呈浅金色，并散发出香味后关火。

3 将沥去多余水分的意面加入2，用中火轻轻翻炒。

拌

4 将3倒入1，迅速搅拌，按个人口味用盐调味。装盘后撒少许胡椒即可。
Point 鸡蛋加热过度会凝固结块，影响口感，所以倒入不锈钢盆后要迅速搅拌。胡椒最好用黑胡椒粗末！

用番茄酱调味
儿时的味道

拿波里意面

★★☆☆
🕐 15分钟

~ 美味小贴士 ~

拿 波里意面基本靠番茄酱调味，意面稍微煮过头了也不怕，非常适合初学者。香肠可以用等量的火腿代替哦。

材料（1人份）

意面 …100g	蘑菇（水煮）…40～50g	黄油 …5g
香肠 …2 根	橄榄油 …2 小勺	奶酪粉 …1 大勺
洋葱 …1/4 个	盐、胡椒 …各少许	
青椒 …1 个	番茄酱 …1.5 大勺	

准备工作

1 洋葱竖着切成 3mm 厚。青椒横着切成 3mm 厚。蘑菇洗净后沥去多余水分，切成 3mm 厚。香肠斜着切成薄片。意面按 P108 介绍的煮法煮好。

炒

2 用中火加热平底锅（大）。等锅足够热了，铺一层橄榄油，倒入 1，用小火翻炒。然后加入盐与胡椒，炒至蔬菜变蔫。

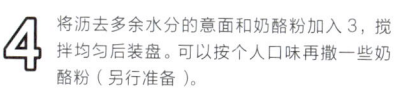

3 往 2 里加 1 大勺煮过意面的开水，再加入番茄酱和黄油，加热 30 秒～1 分钟，然后关火。

4 将沥去多余水分的意面和奶酪粉加入 3，搅拌均匀后装盘。可以按个人口味再撒一些奶酪粉（另行准备）。

速冻乌冬面
配上各色蔬菜
沙拉乌冬
★☆☆☆
🕐 10分钟

~ 美味小贴士 ~

速 冻乌冬面富有嚼劲,煮起来也很方便,最适合在缺乏食欲的夏天享用了。蔬菜用自己喜欢的就行,家里有什么就用什么!

材料（1人份）

速冻乌冬面 … 1 包
* 也可以使用只需冷藏的乌冬面。

生菜 … 2 片

黄瓜 … 1/2 根

番茄 … 1 个

金枪鱼 … 1/2 罐（约 40g）

蛋黄酱 … 适量

A
自选出汁 … 50ml
酱油、味淋 … 各 2 小勺

木鱼花 … 1 包（5g）

准备工作

1 在雪平锅（小）中倒满水，用大火加热。沸腾后倒入速冻乌冬面，调为中火，按包装袋上写的加热时间加热。如果是只需冷藏的乌冬面，用开水焯一下就行。无论使用哪一种乌冬面，煮好后都要浸在冷水里泡一下，然后捞起来倒入沥水篮，沥去多余的水分。

2 将 A 倒入雪平锅（小），用中火加热。沸腾后加入木鱼花，调为小火，煮 1～2 分钟。然后用沥水篮过滤一遍，连不锈钢盆一并浸入冰水中冷却。

处理食材

3 将生菜浸入冷水，待菜叶恢复爽脆后，撕成一口吞尺寸。黄瓜斜着切成薄片。番茄切成 8 等份的半圆形。所有蔬菜表面的水分都要擦干。金枪鱼要沥去多余的油水。将 1 装盘，浇上 2，再加入蔬菜。最后撒上金枪鱼，挤少许蛋黄酱，搅拌均匀即可。

用酱油和半冰沙司炒一炒
香气扑鼻！

炒乌冬

★★☆☆

⏰ 10分钟

~ 美味小贴士 ~

这款乌冬的做法非常简单，只要严格按照菜谱的顺序操作，就一定能成功。加入酱油和沙司之后再轻轻翻炒几次，能大幅提升成品的风味。最后撒点木鱼花就大功告成啦！

材料（1人份）

速冻乌冬面 … 1 包	卷心菜 … 1 片		盐、胡椒 … 少许
* 也可以使用只需冷藏的乌冬面。	洋葱 … 1/4 个	A	酱油 … 2 小勺
猪肉片 … 50g	青椒 … 1 个		半冰沙司 … 1 小勺
* 里脊肉、五花肉、碎肉块皆可。	色拉油 … 1 大勺		木鱼花 … 适量

准备工作

1 卷心菜切成一口吞尺寸。洋葱竖着切成3mm厚。青椒竖着切成粗丝。猪肉片切成合适的大小，撒上少许盐和胡椒（另行准备）备用。

2 在雪平锅（小）中倒满水，用大火加热。沸腾后倒入速冻乌冬面，调为中火，按包装袋上写的加热时间加热。如果是只需冷藏的乌冬面，用开水焯一下就行。无论使用哪一种乌冬面，煮好后都要捞起来倒入沥水篮，沥去多余的水分。

炒

3 用中火加热平底锅（大）。等锅足够热了，铺1小勺色拉油，加入肉片翻炒。肉片变色后，加入剩余的色拉油（2小勺）和蔬菜，反复翻炒。蔬菜变蔫后加入 2。

4 轻轻翻炒后加入盐与胡椒，再加入 A，搅拌均匀。闻到香味后关火，装盘，撒上木鱼花即可。

用最常见的调味料
也能做出一盘美味的炒面

盐味炒面

★★☆☆ 🕐 15 分钟

材料（1人份）

炒面专用面条 … 1 包	大蒜（薄片）… 1 瓣
猪肉片 … 50g	麻油 … 1 大勺
*里脊肉、五花肉、碎肉块皆可。	盐 … 2 撮
豆芽 … 1/2 袋	酱油 … 1/2 小勺
大葱 … 1/2 根	

~ 美味小贴士 ~

就 算炒面没有附赠调料，也能用最基本的调味料做出一盘美味的炒面。肉片最好选用五花肉。

准备工作

豆芽在冷水中浸泡 5 分钟，摘去须根。大葱斜着切成 3mm 厚。肉片切成一口吞尺寸，撒少许盐和胡椒（另行准备）。

1
将面条倒入开水中，用筷子弄散后捞起来，沥去多余水分。

2
用中火加热平底锅（大），然后铺 1 小勺麻油，倒入肉片和大蒜翻炒。肉片变色后，加入剩下的麻油（2 小勺）、豆芽和大葱，调为大火，翻炒 1～2 分钟。

3
将 1 和盐加入 2，继续翻炒。最后沿着锅壁倒一些酱油，搅拌均匀后即可装盘。

COOKING DICTIONARY

◆◆◆

烹饪辞典

◆◆◆

"切细丝和切粗丝有什么区别啊？"
"锅壁是哪儿啊？"
遇到不懂的术语，就查阅烹饪辞典吧。
这里的知识不仅适用于这本书哦。

切法大全————P120
食材处理方法————P127
保存方法————P133
分量一览表————P136
烹饪术语集————P137

烹饪辞典

切法大全

【关于纤维】

仔细观察蔬菜，你就会发现上面有细细的纹路。其实那就是蔬菜的"纤维"。白萝卜、胡萝卜、牛蒡、胡萝卜……像这种细长的蔬菜，纤维一般都是竖着长。

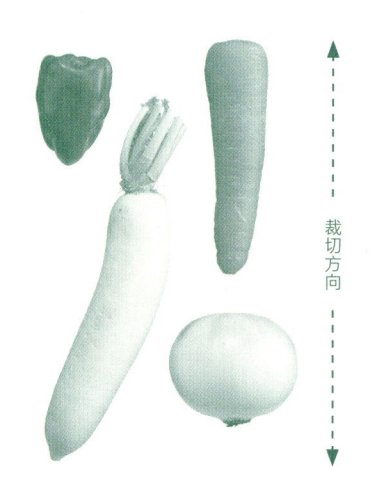

裁切方向

【沿着纤维切】

沿着纤维的方向切，能防止食材煮得太烂，保留爽脆的口感。

【切断纤维】

按和纤维垂直的方向切，把纤维切断，能加快食材煮熟的速度，达到入口即化的效果，还能让纤维中的成分与香味更容易散发出来。

【切成薄片】

…适用于洋葱、大蒜等

将食材切成 1~3mm 的薄片。

【斜着切成薄片】

…适用于黄瓜、大葱、牛蒡等

将棒状食材斜着切成 1~3mm 的薄片。

【切成圆片】

…适用于胡萝卜、白萝卜、芫菁、番茄、莲藕等

将棒状或球状的食材切成薄片，菜刀的方向与纤维垂直（断面呈圆形）。

【切成小片】

…适用于各种葱

将棒状食材切成小片。

烹饪辞典

切法大全

【切成细丝】

…适用于卷心菜、胡萝卜、大葱、黄瓜等

将食材切成 4 ~ 5cm 长, 1 ~ 2mm 宽的细丝（一般情况下沿着纤维走向切）。

◎切成细丝…胡萝卜

先将胡萝卜斜着切成薄片，再将好几块薄片叠起来，从边缘开始切成细丝。

◎切成细丝…卷心菜

A

如果买的就是切好的 1/4 颗或 1/6 颗，那就先切下菜芯，然后从边缘开始切成细丝。

B

如果只想用几片叶子，就把扒下的叶子叠起来，卷成一卷，从边缘开始切成细丝。

◎切成细丝…大葱

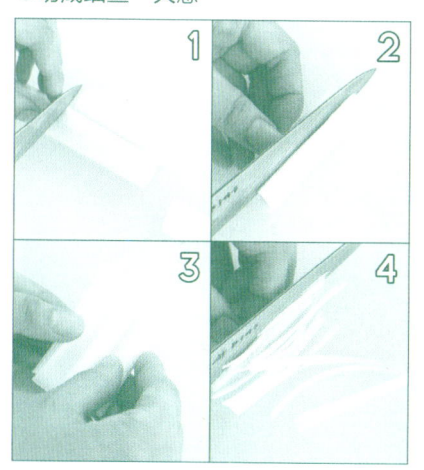

1 2
3 4

1 将大葱切成 5 ~ 6cm 长。
2 竖着切一刀（不要切到底）。
3 将大葱打开，摊平（去芯）。
4 内侧朝下，从边缘开始切成细丝。

切细丝与切粗丝的区别

两种切法都是把食材切成 4 ~ 5cm 长，但粗丝是切成 3 ~ 4mm 宽。

- 121 -

【切成碎末】

…适用于各种蔬菜

切成非常小的碎末。基本切法是先把食材切成细丝，然后再把细丝切碎。

- 下面两种切法是例外。大葱和洋葱用下面介绍的切法会更快。
- 【切成粗末】就是最后得到的颗粒比【碎末】更大的切法。

◎切成碎末…大葱

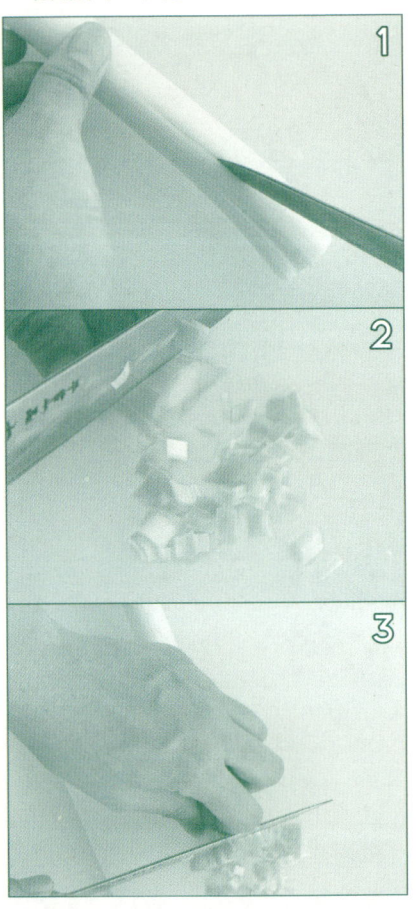

◎切成碎末…洋葱

竖着切出 4～6 道 5～6cm 长的刀口，然后从底部往上切成碎末。切完有刀口的部分之后，再在上面切出新的刀口，周而复始。顶部不要切开，这样下刀时会更稳定。

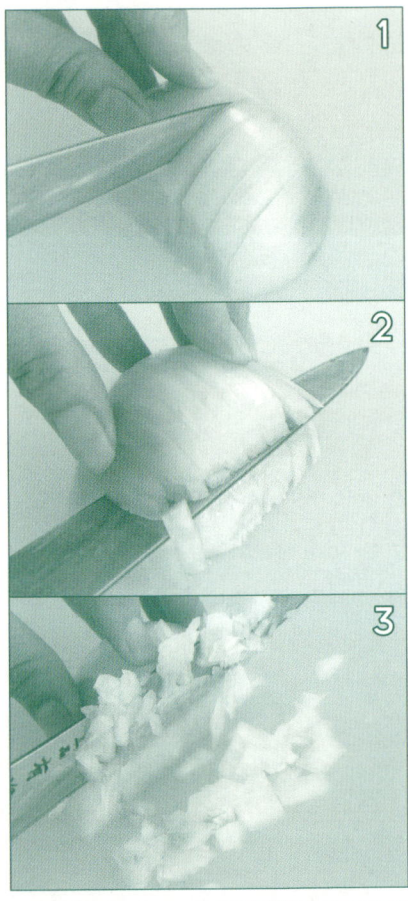

先将洋葱竖着一切二，然后再竖着切出若干条刀口（不要切到顶部，以免散架）。之后再横着切 2～3 刀，边缘开始切成碎末。顶部不要切开，这样下刀时会更稳定。

烹饪辞典

切法大全

【切成月牙形】

…适用于番茄、洋葱、芜菁等

将圆形食材切成放射状。可切成 4 等分或 8 等分，大小以菜谱为准。

◎切成月牙形…番茄

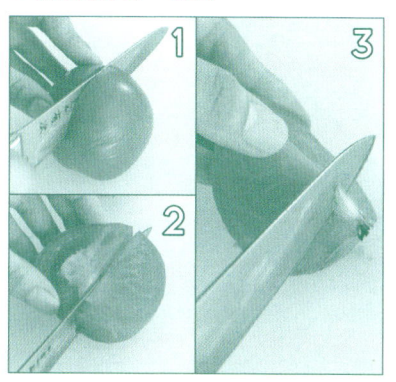

将番茄竖着一切二，然后再竖着一切二，去蒂。这样就是 4 等分。如果要 8 等分，就在 4 等分的基础上把每一块都一切二。

◎切成月牙形…洋葱

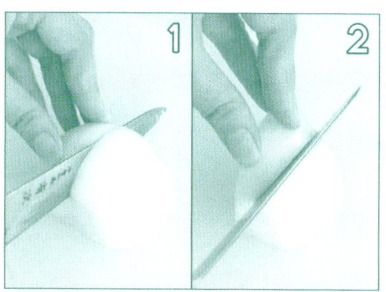

将洋葱竖着一切二，去蒂，然后再竖着一切二。斜着将每一小块切成 3 等分，就能切出 12 等分了。

【切成大块】

…适用于卷心菜、白菜、菠菜等绿叶菜、番茄等

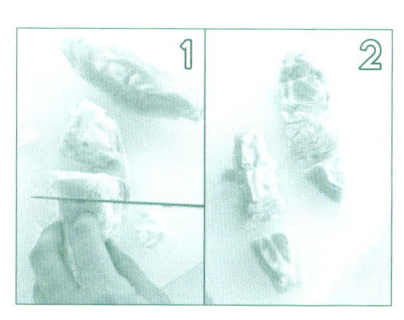

大致切成 3～5cm 长的大块即可，形状无所谓。番茄等本身就不大的食材要切成 1～2cm 长。

"一口吞尺寸"到底是多大？

顾名思义，就是能一口吃进嘴里的大小，大约为 3cm 长。菜谱里也会出现"较小的一口吞尺寸（1～2cm）""较大的一口吞尺寸（4～5cm）"这样的表述。

烹饪辞典

切法大全

【切滚刀块】

…适用于胡萝卜、牛蒡、土豆、青椒等

一边旋转食材，一边用菜刀斜着切块。这么切是为了让截面更大。

◎切滚刀块…胡萝卜

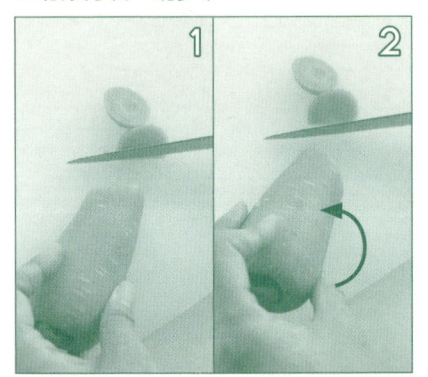

按45度角斜着切块。切完一刀之后，菜刀角度保持不变，胡萝卜旋转90度，切第二刀。重复多次，直到将胡萝卜切完。每一块的形状不同，但大小要基本相同。

◎切滚刀块…青椒

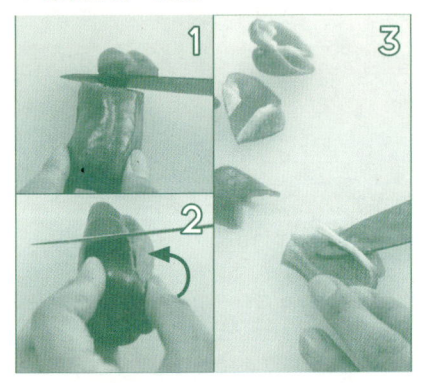

按45度角斜着切块。切完一刀之后，菜刀角度保持不变，青椒旋转90度，切第二刀。重复多次，直到将青椒切完。最后去籽、去瓤、去蒂。

【切成方块】

…适用于胡萝卜、洋葱、土豆等

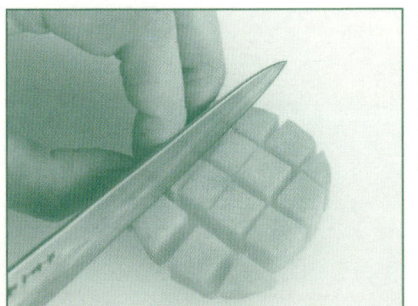

切成长宽高一样的立方体。菜谱中也会使用"切成~cm见方的小方块"这样的表述。方块的大小以菜谱中规定的为准。"切成5mm见方的小方块"亦称"切成冰珠状"，"切成1cm见方的小方块"亦称"切成骰子状"。

烹饪辞典

切法大全

【切成长条】
…适用于胡萝卜、白萝卜、魔芋等

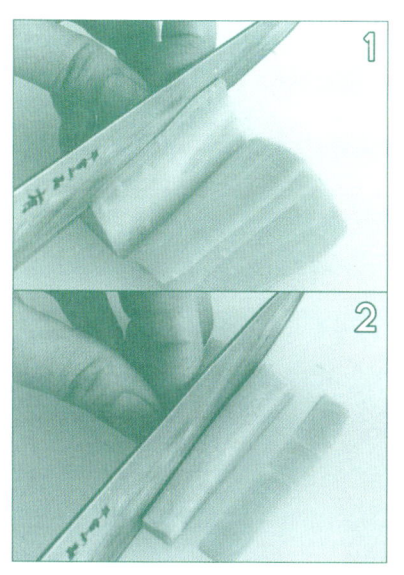

将食材切成 4～5cm 长、1cm 宽、1～2mm 厚（顺着纤维切）。形似七夕时挂在竹竿上的许愿纸条。

切成长条和切成厚长条的区别是？

长度和宽度基本相同，只是厚度要达到 7mm～1cm，比普通长条更厚。形似打更用的梆子，呈四四方方的棒状。

【切成半圆形】
…适用于胡萝卜、白萝卜、芜菁、莲藕等

将若干片圆片叠起来，一切为二即可。厚度以菜谱为准。如果是棒状食材，也可以先把食材竖着一切二，再从顶部切起。

【切成银杏叶形】
…适用于胡萝卜、白萝卜、莲藕等

将半圆形的薄片叠起来，再一切二即可。成品形似银杏叶。厚度以菜谱为准。如果是棒状食材，也可以先把食材竖着一切四，再从顶部切起。

烹饪辞典

切法大全

【削成薄片】

…适用于卷心菜或白菜的菜芯、香菇等
（除了蔬菜，鸡肉等肉类食材也会用到这种切法。）

用菜刀斜着削食材。食材比较厚的时候，可以使用这种"削"法。

【削成竹叶状薄片】…适用于牛蒡

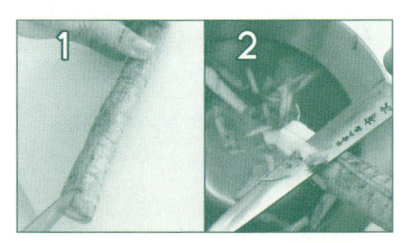

先竖着在牛蒡上切若干条 5～6cm 的刀口，然后用削铅笔的方式，将牛蒡削成竹叶状的薄片。边削边旋转牛蒡。牛蒡切片后一般需要泡水，以便去除它特有的涩味。我们可以用这种刀法，将牛蒡直接削进装了水的不锈钢盆。

【拍】…适用于大蒜

将菜刀压在大蒜上，隔着菜刀，用体重将大蒜碾碎。也可以用木勺压。需要用大蒜为炒菜增添香味时，可以使用这种方法。

【拆】

适用于菌类、西蓝花、花菜等

将一大束食材拆开。

◎拆…西蓝花

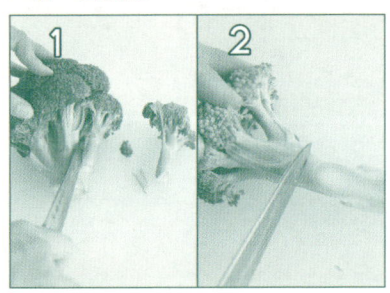

用菜刀将西蓝花切成一口吞尺寸，最后将坚硬的菜梗切下即可（菜梗也可以吃，把厚皮剥掉再加热一下就行）。

◎拆…菌类

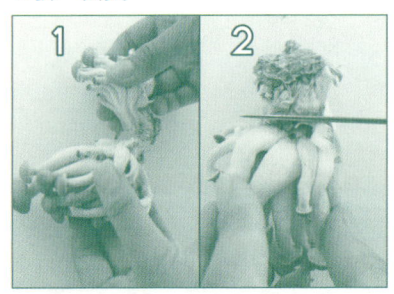

用手拆成一口吞尺寸，最后用菜刀把根部切掉即可。

— 126 —

食材处理方法

【各类蔬菜】

①洗不洗？

蔬菜表面有泥土和运输时沾到的污物与灰尘，甚至还会有残留的农药。为了保证菜肴的卫生与安全，请大家在做菜前将蔬菜清洗干净。

◎ 不用洗的蔬菜

菌类一洗，鲜味就会大打折扣，所以菌类基本都不用洗，轻轻擦一下就好。

◎ 洗法

菠菜等绿叶菜的根部与芜菁、白萝卜的茎部最脏。请用水冲洗这些部位。冲洗过绿叶菜之后，可以将菜浸在装有清水的不锈钢盆里，将隐藏在深处的泥土泡出来。这么做也能让菜叶变得更鲜嫩爽脆。牛蒡等生长在地下的蔬菜要用刷子清洗。

②去蒂、去根、去茎

将蔬菜洗干净之后，下一步就是去蒂去根。储藏芜菁与白萝卜这样的蔬菜时，最好把茎切下来，这样能延长食材的保质期。

白萝卜与芜菁这样的蔬菜最好是一买回来就把茎切掉，无论是不是立刻用它做菜。

根　　　　　　轴

菌类的根部要切掉。香菇只需切掉轴的顶端，剩下的轴可以掉下来切碎，用在菜肴中（照片中的是已经完成去根步骤的香菇）。

③削不削皮？

蔬菜的皮也不是完全不能吃。菜谱中之所以要求削皮，是因为皮会影响口感。如果你不介意，胡萝卜、白萝卜和莲藕的皮都是可以不削的。其实蔬菜水果都是皮下那一层营养最丰富，味道最鲜美，香味最浓郁。

④泡不泡水？

泡水的理由能大致分成3种。

Ⓐ 去除涩味，防止食材变色

茄子、牛蒡、红薯、莲藕本身带有一定的涩味，泡水能起到去除涩味的效果，同时也能防止食材氧化变色。不过人们也在不断改良蔬菜的品种，所以最近在市面上买到的蔬菜已经不像以前那么涩了，视情况可以省略泡水的步骤。

Ⓑ 去除辣味和淀粉

需要生吃洋葱时，可以将洋葱浸在水里泡一会儿，去除辣味。土豆切开后也可以泡水，去除截面上的淀粉，防止粘连。泡过水的土豆也不容易在加热时散架。

Ⓒ 让口感变得更爽脆

生吃卷心菜与生菜等蔬菜时，可以把菜叶浸在水里泡一会儿，这样能让口感变得更爽脆。

* 浸泡时间太长会导致鲜味流失，因此浸泡时间需控制在5～10分钟。

【 蔬菜的焯法与煮法 】

◎ 丢进冷水煮？还是先把水烧开再把食材放进去？

根菜类也有先切好再丢进开水煮的。一般情况下，只要记住下面这两条原则即可：

不容易煮透的根菜类→从冷水开始煮

胡萝卜、土豆、红薯、白萝卜、南瓜等。

容易煮透的绿叶菜→先把水煮开，再把食材放进开水里煮

菠菜、青菜、秋葵、扁豆、西蓝花、豆芽等。

◎ 用多少水？要不要加盐？

焯、煮蔬菜时，一般要用满满一锅水。但制作土豆泥时，水位可以不没过土豆，用水蒸气也能达到加热的效果。很多人会在煮绿叶菜的时候加一些盐，让菜的色泽更鲜亮，但只要把蔬菜直接放进开水里煮，就能达到同样的效果了，不加盐也没关系。

◎ 煮到什么程度？

焯蔬菜的时间一般为：1束绿叶菜20～30秒，拆开的西蓝花2～3分钟（可根据锅的大小相应调整）。2～3个土豆是水煮开之后再加热8～10分钟（从冷水开始煮）。具体的加热时间视蔬菜的种类、大小而定，积累一定的经验之后，就知道该在什么时候捞出锅了。看不出食材有没有煮透时，可以用竹签戳戳看，能一下子戳进去，就说明已经煮透了。用竹签都试不出来，那还是亲口尝一尝吧。

烹饪辞典

切法大全　食材处理方法

【各类蔬菜的处理方法】

◎芦笋 / 去根

芦笋的根部很硬，一掰就断（正好会在根部断开）。为了提升口感，还要用菜刀把芦笋表面的三角形苞片削掉。

◎牛油果 / 去核

1 将刀尾插入牛油果，沿着种子竖着切一圈。

2 一手握住一半，朝相反的方向扭。

3 扭一圈，就能将牛油果一分为二了。

* 如果只需要用半个，就用保鲜膜把带核的那一半包起来，使用没有核的那一半（如果担心截面变色，可以在截面上撒一些柠檬汁）。

4 将刀尾插入核（小心不要戳到手），把核拧出来。完成这个步骤之后再去皮，以免打滑。

◎豌豆、扁豆 / 去筋

豌豆、扁豆的"筋"会影响口感，要提前摘掉。把蒂掰下来，顺势一拉，就能把筋一并去掉了。如果两侧都有筋，那就都要去掉。

* 最近市面上出现了许多没有筋的扁豆。如果实在没有办法把筋拉掉，那就保持原样吧。

◎土豆 / 去芽

土豆的芽含有毒素，削皮时必须一并去除。把刀尾插进去，挖一圈即可。

◎生姜 / 去皮

生姜的皮富含香味，有时也会连皮一起用。不需要使用外皮的话，就用勺子把肉挖出来。

- 129 -

烹饪辞典

◎秋葵与黄瓜 / 滚砧板

滚砧板能有效去除秋葵表面的绒毛。在表面撒一些盐,放在砧板上滚一滚即可。把黄瓜放在砧板上滚一下,能有效去除黄瓜表面的小疙瘩,调味料也能通过黄瓜表面的伤口渗入内部。这道工序能让黄瓜的色泽变得更鲜亮,去除它特有的生味。

◎卷心菜 / 去芯

卷心菜的芯很硬,需要单独加热,所以要切下来。如果购买的是一整颗卷心菜,那就先把它一切二或一切四,然后再斜着切下菜芯。如果要使用的是掰下的菜叶,就在叶片的根部切出一个三角形。切下的菜芯不容易煮软,需要削成薄片或切成碎末之后再加热。

◎南瓜 / 去籽去瓤、切开、去皮

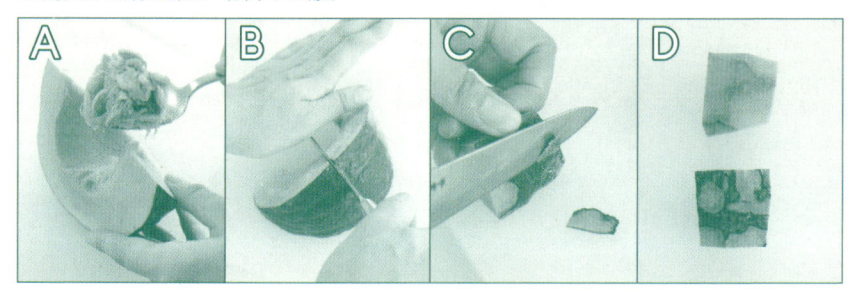

A 去籽去瓤
如果买的是一个完整的南瓜,就先一切二或一切四,然后把瓤和籽挖出来。

B 切开
南瓜很硬,不太好切,请务必把平坦的那一面放在下面,如此一来,南瓜才不会滚来滚去。菜刀一旦插入南瓜,就很难再拔出来了,切的时候一定要小心!

C 去皮
因为南瓜很硬,不能像其他蔬菜那样拿在手里削皮,而是要把南瓜块放在砧板上切。

D 视情况保留部分外皮
削去一部分外皮(如下图),可以让南瓜更容易煮熟。如果把外皮全部削掉(如上图),就能达到"入口即化"的效果,但煮的时候会很容易散架。

食材处理方法

白萝卜、土豆等 / 去角

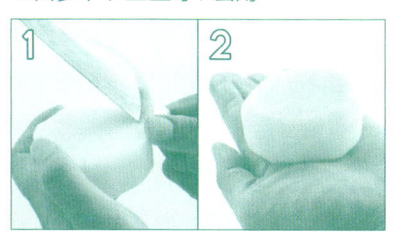

为了防止食材在加热过程中散架，用土豆、白萝卜、南瓜等蔬菜做炖菜时，经常会用到这种处理方法。

豆芽 / 去须根

须根会影响口感。豆芽泡水洗净后，要把顶端的须根轻轻折下。

青椒 / 去瓤

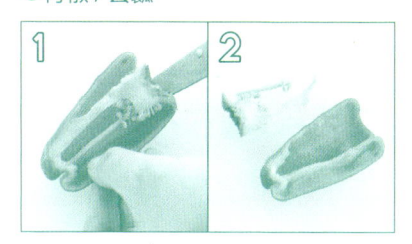

1 竖着一切二，用刀尖去籽去瓤。
2 为了提升口感，白色的条状瓤也要挖去。

【肉】

鸡肉 / 去除油脂

藏在皮下的黄色部分就是油脂。油脂有独特的腥味，要用菜刀切掉。如果有软骨和白色的筋，也要一并去除。

猪肉 / 断筋

为了防止里脊肉薄片（或其他部位的猪肉）遇热收缩，要在筋上竖着划几刀。

各种肉类 / 预先调味

预先调味能让成品更加美味。一般情况下，要在肉上撒一些盐和胡椒。正反两面都要均匀撒到（不需要揉）。

【其他】

◎打蛋

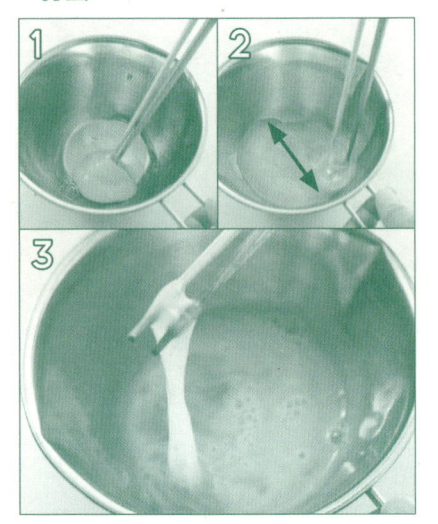

1 将筷子插进蛋黄,把蛋黄搅碎。
2 筷子要走直线(不要打出泡沫!)。
3 发现结成块的蛋白,就用筷子捞起来,让蛋白散开。

* 捞不起来就说明已经打散了。

◎去除豆腐中的多余水分

提前去除豆腐中的多余水分,能有效防止最后的成品变成一包水。用多重的重物压、压多少时间,视具体的菜肴而定(本书使用的重物是若干个叠起来的盘子)。基本方法是用厨房纸把豆腐裹起来,放上重物,静置 10 分钟以上。用好几层厨房纸裹一下,不压重物,也能去除一定的水分。

◎去除油豆腐皮中的多余油脂

想让菜肴的味道变得更淡雅时,可以把油豆腐皮或油豆腐块放在沥水篮上,浇一遍开水,把油冲掉(不喜欢油腻的人可以正反两面都烫一次)。不过有些菜肴要的就是油里的鲜味,不烫反而更好。

◎魔芋、魔芋丝 / 焯水

焯水原本是为了去除魔芋的涩味,但最近的魔芋已经不那么涩了,不焯水也没问题。只是用来浸泡魔芋的液体有一定的腥味,所以建议大家用开水煮 1~2 分钟,把这些液体清洗干净。最后捞起来,放在沥水篮上沥去多余水分即可。

保存方法

购买食材时，最好是用多少买多少，或是购买分量最少的规格。实在没办法一次用完，就用正确方法把食材存放起来吧，千万不要浪费。

【常温】

没有用过的根菜（土豆、洋葱、芋头、红薯、胡萝卜、牛蒡等），大蒜与生姜可以存放在常温环境下。将食材放进开口的纸袋（也可以直接放进篮子），放在阴凉处（晒不到太阳、通风好、温度低的地方）即可。牛蒡与生姜很容易变干，存放时最好用报纸包起来。只是公寓房一般都不太通风，白天家里没人的时候，存放食材的地方会积蓄许多湿气。而且在盛夏或隆冬，家里总会开空调，所以适合存放食材的"阴凉处"并不好找。遇到这种情况，还是把蔬菜存放在冰箱冷藏室（蔬菜室）比较保险。

【冷藏】

用到一半的根菜和其他蔬菜（如大葱、绿叶菜、番茄、茄子等）基本都需要冷藏。冷藏室的空气比较干燥，所以蔬菜要用保鲜膜包好，或直接装进保鲜袋（考究的话可以先包一层保鲜膜，再装进保鲜袋），然后放进冰箱的冷藏室（蔬菜室）。如果冰箱里的空间够大，芦笋、大葱这种竖着长的蔬菜最好竖着放。鱼和肉也必须冷藏，而且要尽快用完。

豆芽与绿叶菜要煮过之后再放进冰箱！

豆芽和绿叶菜很容易坏。如果不是立刻就用，就先放进开水里煮1~2分钟，然后捞起来，沥去多余水分，再装进保鲜盒或保鲜袋，送进冰箱。做炒菜时，可以直接倒出来用。

烹饪辞典

【冷冻】

冷冻固然方便，但不建议大家一股脑地把食材丢进冷冻室。下面介绍的都是味道不会因为冷冻打折扣的食材。这类食材可以视情况在冷冻室里备一些，没时间做饭的时候拿出来加热一下就行。

* 都能存放1个月左右。

◎菌类

去根拆散后，切成方便使用的大小，装进保鲜袋即可。可以把不同种类的菌菇装在一起（种类越多越好吃）。需要使用时，可以直接取出来倒进锅里。冷冻过的菌类会更鲜美。

保存方法

◎米饭

可以按食量分好，一餐一份，取用方便。一定要趁热用保鲜膜包起来，装进保鲜袋。冷却后再放进冷冻室。需要使用时，从冰箱里拿出来，用微波炉加热2~3分钟（500W）即可。

◎面包、面包屑

切片面包要分别用保鲜膜裹好，装进保鲜袋，放进冷冻室。要吃的时候，取出来直接送进烤箱加热3~4分钟就行。面包屑也要装进保鲜袋冷冻，要用多少就拿多少，无须特意解冻即可使用（因为它一离开冰箱就会立刻解冻）。

◎水煮番茄罐头

可以按食量分好，一餐一份，取用方便。一定要趁热用保鲜膜包起来，装进保鲜袋。冷却后再放进冷冻室。需要使用时，从冰箱里拿出来，用微波炉加热2~3分钟（500W）即可。

◎香味蔬菜

大葱、蘘荷、生姜要切成方便使用的大小（大葱切成小片，蘘荷和生姜切成碎末），分别装进不同的保鲜袋，送入冷冻室。要用多少就拿多少，无须特意解冻即可使用（因为一离开冰箱就会立刻解冻）。

— 134 —

烹饪辞典

切法大全

◎ 出汁（汤水）

可以一次性做很多，分别装进若干个保鲜袋（可以 200～300ml 一袋，或是一袋装 100ml，便于计算用量），送进冰箱冷冻。需要使用时，可以提前转移到冷藏室解冻，或用自来水冲洗保鲜袋。

◎ 纳豆

其实纳豆也可以冷冻，只是很少有人知道罢了。把每一盒分别装进保鲜袋即可。在常温环境下放置 10 分钟就能解冻。

◎ 肉

最好是按用量购买，实在用不完，就分成小份，用保鲜膜包好，装进保鲜袋里冷冻。绞肉可以先用保鲜膜包起来，然后在表面弄出几道凹槽，以后要用多少就掰多少。需要使用时，可以提前转移到冷藏室解冻，或使用微波炉的解冻功能。

◎ 油豆腐皮

建议大家先按个人喜好去油，再切成合适的形状（切成条状，可用于味噌汤和炖菜），最后再放进冷冻室。做味噌汤和炖菜时，可以直接把冷冻的油豆腐皮倒进锅里，无须另外解冻。

保存方法

◎ 肉制品

香肠、培根等肉制品也可以冷冻，只是冷冻前最好先切成合适的形状。如此一来，需要使用时就能直接丢进锅里了（无须另外解冻）。

◎ 鱼肉制品

竹轮、炸鱼肉饼等鱼肉制品也可以冷冻，切成合适的形状后装进保鲜袋即可。需要使用时，可以提前转移到冷藏室解冻。如果是用在炖菜里，不解冻也没问题。

- 135 -

烹饪辞典

分量一览表

材料栏里写的都是重量，为了让大家有一个更直观的概念，下表中列出了常用食材的平均重量。但是同一种蔬菜也有产地与品种之分，大小和密度也是各不相同，所以下表只能用作参考。1 个鸡蛋大概是 50～60g，大家可以记住这个数字，在购买其他食材时就能把鸡蛋当尺子用了。

鸡蛋	土豆			番茄
中等大小 50～60g	大 150g	中 100g	小 50g	中号 200g

洋葱		胡萝卜	白萝卜
中 150g	小 100g	中号 150～200g	1 根 1kg 左右

卷心菜	白菜	茄子	南瓜
1 个 1kg 左右	半颗 1.5～1.8kg	中号 1 根 100g	1/4 个 300～350g

红薯	西蓝花	大蒜	生姜
1 个 300～400g	1 棵 300～400g	1 瓣 5g	1 瓣 10g * 和大拇指差不多大

分量一览表

- 136 -

烹饪术语集

这里不仅收录了本书中出现过的烹饪术语，还有其他食谱中可能出现的词语。如果你在学习食谱时碰上了生词，不妨来这里找找看。

（按照术语汉语拼音顺序排列。）

【B】

边炒边煮 用油翻炒之后，加少量调味料，边翻炒边煮。适用于香炒牛蒡丝等菜肴。

边画圈边倒/浇 不将调味料或蛋液倒在一处，而是边画圈边倒，这样可以让液体分布得更均匀。

边煮边搅拌 一边烹煮，一边搅拌，让食材充分沾到调味料。

表面出现小气泡 制作茶碗蒸、布丁等蛋类菜肴时，要是加热时间过长，菜肴表面就会出现一些小气泡。气泡会影响口感，所以制作的时候要尽量避免气泡出现的情况。

不没过食材 →P16 用于水量的概念。比没过食材、放满都少。

【C】

拆成小束 将一大束蔬菜拆开。常用于西蓝花与玉蕈之类的菌菇（→P126）。

常温 菜谱中出现的"常温"，一般指"20度上下的平均室温"[日本工业规格（JIS）规定，常温=20±摄氏15度，即5~35摄氏度]。在烹饪领域，可以将常温和室温视为同义词（日本药局规格规定，常温=15~25摄氏度）。

焯水 在用调味料烹煮前，提前用水把食材焯一遍。可以让食材熟得更快，去除食材中的涩味。

焯水后捞出 焯水后，将食材捞起，放在沥水篮上沥水。如果菜谱里写的是"焯水捞出，重复两次"，那就是"焯水→捞起→换一锅干净的水→焯水→捞起"。这么做是为了去除食材的涩味。

【D】

打蛋 →P132。

打泡 用打蛋器将鸡蛋或鲜奶油搅拌均匀，打出许多泡沫。制作糕点时常会用到这种技巧。打过泡的蛋液与奶油含有大量空气，成品口感蓬松。

带皮的那一面 特指鱼、肉带皮的那一面。鸡肉一般要先煎这一面，如此一来成品的香味会更丰富。

刀背 →P9。

刀身 →P9。

蒂 连接树果和枝条的部位。需要在准备环节摘去（→P127）。

第二道出汁 →P22。

第一道出汁 →P22。

吊出香味 翻炒大蒜、大葱等香味蔬菜，吊出香味。一般是闻到香味后再进入下一个步骤。

断筋 →P131。

【F】

发蔫 失去水分后变软的状态。炒过的蔬菜和撒了盐的蔬菜会发蔫。

放满 →P16 用于水量的概念。比没过食材、不没过食材都多。

沸腾 汤汁达到沸点，表面冒泡的状态。

【G】

干煎 不在平底锅里铺油，直接煎炒食材。常用于芝麻与坚果类，煎出少许焦痕，食材的香味会更浓郁。除此之外，干煎还可以用来蒸发食材中的水分。

干蒸 将食材放在密封容器里，或用铝箔纸包起来，然后加热。食材中的水分会变为蒸汽，使成品的口感加倍水润。

隔水加热 将装有食材的不锈钢盆浸入装有热水的大号不锈钢盆或锅里加热。如此加热会更均匀，升温速度不至于太快。

根菜 胡萝卜、白萝卜、牛蒡、莲藕、洋葱等长在土里的蔬菜。

勾芡 做汤、带汤汁的菜肴或炒菜时，加入淀粉或其他调料，使汤汁更浓稠，如此一来食材能沾到更多汤汁。

刮去 刮去薄薄一层皮，处理牛蒡与生姜时常会用到这种手法。生姜用勺子刮，牛蒡用刀背刮。

滚砧板 →P130。

裹 让食材沾满调味料或面粉。

锅壁 即炖锅、平底锅的侧面（内侧）。做炒饭时，最后要贴着锅壁倒入酱油，如此一来，烧焦的酱油就会散发出诱人的香味了。

过滤 用沥水篮、滤网与不锈钢盆，去除多余的杂质。

【J】

即将沸腾 热水即将达到100摄氏度的状态。锅的边缘会冒出小气泡（→P16）。

加水 用热水煮菜时，需要在泡沫即将溢出锅子时加一些冷水。煮乌冬等面条时常会用到这种手法，这样能有效防止热水溢出。

煎出焦痕 将食材的表面煎成浅茶色～茶色。焦痕也是用来衡量成品的香味与色泽的标准之一（有时需要在煎出焦痕后翻面，或是加入其他材料）。

搅拌 充分搅拌，让每一块食材都沾到调味料。

焦痕 一般为深茶色~黑色。焦痕会带来香味。

搅开蛋白 将结成块的蛋白弄散（→P132）。

结成小块 面粉与淀粉没有完全冲开的状态。粉类结块会影响口感，因此要尽量避免这种情况。要防止淀粉结块，可以先用水把淀粉冲开，搅拌均匀。倒入时速度要慢，同时搅拌汤汁。

金黄色 经常用来形容炸物的理想色泽，相当于明亮的浅茶色。

浸入冷水 将食材浸入装满冷水的不锈钢盆。可使煮过的蔬菜色泽鲜艳，提升面条的弹性。

浸水 →同【泡水】。

静置（面团等） 为了让揉好的面团更稳定，促进面团发酵，需要将面团静止一段时间。在此期间不用碰触面团。又称"醒面"。

净重 主要用于菜谱的材料栏，指代蔬菜水果去除外皮、种子、蒂等无法入菜的部分后的实际重量。如果材料栏里写的是"土豆 200g（净重）"，那就是"去皮、去芽后的重量需达到 200g"的意思，因此处理前的土豆要重于 200g。

菌菇的根 就是菌类的根部（→P127）。金针菇、舞茸、杏鲍菇的根部不叫"根"，叫"根元"。菌菇的根很硬，很不好吃。最近可以在商店买到已经把根切掉的菌菇。

【 K 】

开水 即 100 摄氏度的热水（→P16）。"用开水煮"，就是在水冒泡沸腾的状态下倒入食材加热。

烤成/炸成焦黄色 加热至表面成浅茶色~茶色。

烤干土豆表面的水分 土豆煮好后，倒掉锅里的水，继续干煮，同时旋转锅里的土豆，蒸干土豆表面的水分。这时，土豆表面会出现一层淀粉。

【 L 】

冷水 特指"5 摄氏度以下的水"。用冷水冷却，能让蔬果的颜色更亮丽，还能让面条更有弹性。夏天的自来水温度比较高，不能直接使用，需要加冰块冷却。

另行准备 就是需要另外准备的材料，不包括在材料栏写明的分量中。在食材的准备环节，常会出现这样的表述："在肉上撒少许盐和胡椒（另行准备）"。这句话的意思是，完成这个步骤时使用的盐和胡椒要另外准备，不能动用材料栏中提到的分量。清水也是一种不会写在材料栏中的材料。

【M】

冒小气泡 表面稍稍冒出一些小气泡的状态。

没过食材 介于不没过食材和放满之间。

【P】

泡发 将干香菇、羊栖菜、萝卜干等干货浸在水里,让其恢复原来的状态(或接近原来的状态)。泡发所需的时间视食材的种类和成品的类型而定。

泡水 将食材浸在装满冷水的不锈钢盆里,静置5~10分钟。可有效去除食材的涩味,让绿叶菜的口感更佳爽脆,防止变色。但浸泡时间太长,恐会导致鲜味流失。也可以说成"浸水"。

铺油 将油倒入平底锅后,前后左右倾斜平底锅,让油铺满整个锅底。使用厨房纸抹油,能让油层更均匀。

【Q】

切成半圆形 → P125。

切成薄片 → P120。

切成冰珠状 →详见P124的【切成方块】。

切成长条 → P125。

切成粗末 →详见P122的【切成碎末】。

切成大块 → P123。

切成方块 → P124。

切成1cm见方的方块 = 切成长宽高都是1cm的小方块。

切成厚长条 → P125。

切成骰子状 →详见P124的【切成方块】。

切成细丝 → P121。

切成小片 → P120。

切成银杏形 → P125。

切成圆片 → P120。

切成月牙形 → P123。

切成竹叶状 → P126。

切粗丝 → P121。

切断纤维 → P120。

切滚刀块 → P124。

去除多余水分 去除豆腐或刚洗过的食材表面的多余水分。用沥水篮是最简便易行的方法。

去除盐分 将腌过的裙带菜或撒过盐的食材浸在水里,或用清水清洗,去除多余的盐分。

去角 → P131。

去筋 在处理鸡大腿肉时,需去除肉里的白筋(因为筋很硬)。扁豆、豌豆上的筋

（→P129）和芹菜的筋也要拉掉。筋会影响口感，务必提前去除。

去沙 即去除蛎仔、蚬贝等贝类食材内部的沙子。将贝类浸入盐度为3%，与海水环境相似的盐水（不没顶），用铝箔纸或其他工具盖2小时~一整晚。如此一来，贝类就会自己把沙子吐出来，成品的口感也会更好。

去水 即"去除多余水分"（去除豆腐的多余水分→P132）。

去油 油豆腐皮、油豆腐块等油炸食材可以用厨房纸或热水去油（→P132）。去油可减少油味，去除油腻，促进入味。

【S】

散架 煮蔬菜时，蔬菜可能因搅拌或加热时间过长散架，影响成品的卖相。

涩水 有些食材带有一定的苦味或涩味，会影响成品的口味。煮、炖这类食材时，汤水表面会出现浑浊的白色泡沫，这些泡沫就是涩水。要让菜肴的口感更淡雅，就一定要把泡沫撇干净（去涩）。牛蒡、莲藕、茄子有明显的涩味，切开后最好用冷水泡一泡（涩水会加快食材变色的速度，因此泡水也能起到防止变色的作用）。

稍稍冷却 将刚加热过的食材放在一边，冷却到能用手碰即可（不用完全冷却）。

少许 →P14。

使酒精蒸发 通过加热，使味淋或酒中的酒精蒸发。此举是为了去除酒精特有的味道，但如果加入的酒类调料不多，酒精自会在加热过程中蒸发，无须特意加热。如果你要制作的菜肴没有加热环节，又要大量使用酒类调料，可以提前单独加热调料，蒸发其中的酒精，然后再加入菜肴。将调料倒入小锅，用中火加热，保持沸腾状态1分钟左右即可。

适量 →P14。

室温 →详见【常温】。

收汁 沸腾后继续加热，直到汤汁减少。此举是为了蒸发多余的水分，让口味变得更鲜明。常见的用法是"继续加热收汁，直到汤汁变为原来的一半"。

随意 →P14。

【T】

烫皮 这种方法主要用于剥番茄。将番茄完全进入开水，加热30秒~1分钟。如此一来，番茄的皮就会裂开，一拉就掉。因为加热时间很短，所以番茄的清香不会受到影响，口感则会比没有烫过的番茄更柔软。

淘米 →P21。

体温 即和人的体温差不多的温度（36~37摄氏度）。

提前调味 在生的鱼或肉上撒一些调味料，

可去除腥味。

调味 在装盘之前，用盐、胡椒等调味品调味。大部分调味料在之前的环节已经加入菜了，但每个人的口味有所不同，所以最好亲口尝一尝，稍作调整。

【 W 】

文火 比小火（→P16）更小，是最弱的火力。

【 X 】

香味蔬菜 指大葱、蘘荷、生姜、大蒜、紫苏等香味强烈的蔬菜。

削成薄片 →P126。

斜着切 菜刀斜着插入食材（斜着切成薄片→P120）。

醒面 →同【静置】。

（豆芽的）须根 长在豆芽顶端的细根。摘去可提升口感（→P131）。

【 Y 】

沿着纤维切 →P120。

一撮 →P14。

一口吞尺寸 →P123。

隐形刀口 为了更快将食材煮透，促进入味，可以在看不到的地方划几道的刀口。煮大块萝卜时常会使用这种技巧。

用热水烫 将食材浸入开水烫一烫，或是直接将开水倒在食材上。这是为了稍稍加热食材，去除多余的油水。

用细筛网过滤 用筛网过滤一遍，让食材变成顺滑的糊状，提升口感。

用盐揉搓 在食材上撒许多盐，用手揉搓。在蔬菜上撒盐，能逼出菜里的水分，让口感变得更松软。

余热 关火后，用锅与食材的余热继续加热。有些食谱会明确要求"在食材完全煮熟前关火，用余热收尾"。

预热 即将平底锅架在火上（倒油）预热。将手举在平底锅上方，能感觉到温热即可。

预热（烤箱） 烤箱、烤炉、烤鱼器在使用前要预热。用烤箱做糕点，一般都离不开"预热"这一步。预热烤箱需要一定的时间，请务必提前打开开关，以免耽误烹饪计划。

【 Z 】

增加香味 加入少量麻油或酱油，增加菜肴的香味（其目的并非"调味"）。

沾满油 指的是用油炒菜的时候，食材表面沾满油，闪闪发光的状态。

蒸 不用油，而是用水蒸气加热食材的烹饪方法。可以使用蒸笼，也可以在食材中加入少量的水，加盖直接加热（后一种做法也叫"蒸煮"）。

直接盖在食材上的小锅盖 一般使用木质锅盖或可调整尺寸的不锈钢锅盖，没有的话，可以用弄湿的厨房纸、烘培纸或铝箔纸代替。汤汁较少的炖菜常会用到这种手法。如此一来，汤汁会形成对流，照顾到每一块食材，提升成品的风味。

直接油炸 不裹面糊或面粉，直接将食材放进油里炸。直接油炸的蔬菜色泽会更鲜艳，表面富有光泽。

（香菇的）轴 就是香菇的杆子。轴是可以吃的，可以用手拧下来切碎，放进菜里。轴的顶端就是"根"，根比较硬，需要切掉（→详见"菌菇的根"）。

煮到入味 即加热到食材内部也有调料的味道。

煮沸一次 将汤汁煮沸一次，持续30秒后关火或将火力调小。做炖菜时经常使用这种手法。

参考文献

《世界上最简单的料理教室》(Better Home Association)
《事前准备和烹饪的秘诀 方便笔记》(松本仲子监修 / 成美堂出版)

图书在版编目（CIP）数据

一人份料理 / （日）福田淳子著；
曹逸冰译. -- 南昌：江西人民出版社，2017.12（2020.5 重印）
ISBN 978-7-210-09763-1

Ⅰ.①一⋯ Ⅱ.①福⋯ ②曹⋯ Ⅲ.①菜谱—日本 Ⅳ.①TS972.183.13

中国版本图书馆CIP数据核字(2017)第 233189 号

HITORIBUN RYOURI NO KYOUKASYO
© JYUNKO FUKUDA 2014
© MYNAVI PUBLISHING CORPORATION 2014
Originally published in Japan in 2014 by MYNAVI PUBLISHING CORPORATION,
TOKYO,
Chinese (Simplified Character only) translation rights arranged with
MYNAVI PUBLISHING CORPORATION, TOKYO, through TOHAN CORPORATION, TOKYO.

版权登记号：14-2017-0485

一人份料理

作者：[日]福田淳子　译者：曹逸冰

责任编辑：冯雪松　胡小丽　特约编辑：刘悦　筹划出版：银杏树下
出版统筹：吴兴元　营销推广：ONEBOOK　装帧制造：墨白空间
出版发行　江西人民出版社　印刷　北京盛通印刷股份有限公司
889 毫米 × 1194 毫米　1/32　4.5 印张　字数 115 千字
2017 年 12 月第 1 版　2020 年 5 月第 5 次印刷
ISBN 978-7-210-09763-1
定价：38.00 元
赣版权登字 -01-2017-730

后浪出版咨询(北京)有限责任公司 常年法律顾问：北京大成律师事务所
周天晖 copyright@hinabook.com
未经许可，不得以任何方式复制或抄袭本书部分或全部内容
版权所有，侵权必究
如有质量问题，请寄回印厂调换。联系电话：010-64010019